滩涂开发利用规划编制及案例

珠江水利委员会珠江水利科学研究院
水利部珠江河口动力学及伴生过程调控重点实验室
陈娟　吴琼　刘国珍　杨留柱　编著

中国水利水电出版社
www.waterpub.com.cn
·北京·

内 容 提 要

本书以深圳市海洋新兴产业基地滩涂利用规划为例，开展滩涂演变及滩涂资源量分析；拟定滩涂开发利用思路，合理确定滩涂开发利用规划方案；根据规划方案的影响，研究茅洲河河口泄洪整治方案；对防洪（潮）、排涝工程进行初步规划；开展规划协调性分析，开展环境影响评价，并提出减缓影响的措施；开展工程投资估算、效益分析及规划实施安排。

本书可供水文水资源、水利工程、区域水利规划及相关行业的科研与管理人员参考使用。

图书在版编目（CIP）数据

滩涂开发利用规划编制及案例 / 陈娟等编著. -- 北京：中国水利水电出版社，2019.9
ISBN 978-7-5170-8023-7

Ⅰ．①滩… Ⅱ．①陈… Ⅲ．①海涂资源－研究－深圳
Ⅳ．①P748

中国版本图书馆CIP数据核字（2019）第207956号

书　　　名	**滩涂开发利用规划编制及案例** TANTU KAIFA LIYONG GUIHUA BIANZHI JI ANLI
作　　　者	珠江水利委员会珠江水利科学研究院 水利部珠江河口动力学及伴生过程调控重点实验室 陈娟　吴琼　刘国珍　杨留柱　编著
出 版 发 行	中国水利水电出版社 （北京市海淀区玉渊潭南路1号D座　100038） 网址：www.waterpub.com.cn E-mail：sales@waterpub.com.cn 电话：(010) 68367658（营销中心）
经　　　售	北京科水图书销售中心（零售） 电话：(010) 88383994、63202643、68545874 全国各地新华书店和相关出版物销售网点
排　　　版	中国水利水电出版社微机排版中心
印　　　刷	清淞永业（天津）印刷有限公司
规　　　格	184mm×260mm　16开本　12.25印张　227千字
版　　　次	2019年9月第1版　2019年9月第1次印刷
定　　　价	**62.00元**

前言

　　河口地区人类活动频繁，往往是经济最繁荣发达的地区之一。随着区域社会经济的发展，滩涂开发利用的需求也不断增长。

　　深圳市海洋新兴产业基地是深圳市政府批复的《深圳市大空港综合利用规划》的重点建设项目。该项目位于珠江三角洲东岸主轴的核心区，广东自贸区南沙与前海蛇口片区之间，紧邻规划中的长安新区，区位条件优越，拥有海陆空立体交通优势，依托深圳市高新技术产业和海洋产业基础优势，有条件发展成为海洋高科技产业创新引领区。该基地建设对促进环珠江河口湾区海洋经济发展与海洋产业转型升级、服务国家"一带一路"倡议、承接广东自贸区产业外溢、打造海洋新兴产业发展服务平台、解决深圳市西部产业转型升级具有重要作用。

　　深圳市海洋新兴产业基地规划面积 $7.44km^2$，该基地位于茅洲河河口，东至西海堤，西临伶仃洋，北望东莞长安新区，南接深圳宝安机场。基地所在区域现状为水域滩涂，部分是鱼塘及蟹塘，地块周边基础设施相对滞后，产业基地雏形尚未形成。根据深圳市的经济社会发展需求，为合理开发利用该片水域滩涂，需开展滩涂开发利用规划。

　　本书运用一、二维联解整体数学模型，二维潮流泥沙数学模型，珠江河口整体潮汐物理模型及遥感等先进技术手段，分析了滩涂演变和水动力变化趋势，拟定滩涂开发利用规划方案并对规划方案进行了比选。根据规划实施可能产生的影响，研究了茅洲河河口的泄洪整治方案，分析了规划方案的实施效果。全书共分为12章：第1章对滩涂概念、特征、规划编制研究意义及规划编制思路进行了阐述；第2章对深圳市海洋新兴产业基地概况包括自然概况、气象、水文、泥沙、水流泥沙特征遥感信息、经济社会特征、现有滩涂控制性规划及滩涂开发利用面临的形势进行了介绍分析；第3章利用实测地形资料及遥感技术手段对滩涂演变情况及滩涂资源量进行了详细分析；第4章在规划指导思想与基本原则、规划范围及水平年、规划目标与任务的基础上，制定规划方案的思路，并拟定 3 个比选方案；第 5 章介绍规划方案比选主要技术手段，有一、二维联解整体数学模型，二维潮流泥沙数学模型，珠江河口整体潮汐物理模型等技术手段；第 6 章对滩涂开发利用规划方案进行了比选，推荐出最佳的规划方案；第 7 章根据规划方案实施可能产生的影响，进行茅洲河河口泄洪整治方案研究及泄洪整治效果分析，在茅洲河河口泄洪整治方案的基础上进行规划方案长期影响、河势影响及排涝影响分析；第 8 章介绍防洪（潮）、排涝工程初步规划，由于占用《珠江河口综合治理规划》中保留区，涉及功能区调整；第 9 章从必要性、可行性等方面论证调整的可能性；第 10 章对规划方案开展环境影响评价，并提出减缓影响的措施；第 11 章开展工程投资估算、效益分析；第 12 章介绍管理规划及规划实施。

本书主体内容是在深圳市海洋新兴产业基地防洪影响评价和滩涂利用规划的基础上形成的，由珠江水利科学研究院陈娟主笔完成，吴琼负责数学模型研究，刘国珍负责物理模型试验，杨留柱负责遥感分析，还有项目组其他成员高时友、石赟赟、佟晓蕾、姜宇、卢素兰参与报告成果编写。书中主要研究工作是在珠江水利委员会珠江水利科学研究院何用、李杰、徐峰俊、余顺超、马志鹏、吴门伍、张心凤、刘俊勇，水利部珠江水利委员会副总工程师沈汉堃、规划计划处副处长陈军的悉心指导下完成的。在本书编写过程中，得到了李亮新、谢宇峰、陈文龙、杨芳等院所领导的关心与支持，在此对他们表示衷心的感谢！本书由国家重点研发计划（2017YFC0405900）资助。

受到时间、经费、一些客观条件以及编者水平的限制，书中不足之处在所难免，敬请读者批评指正。

作者

2019 年 1 月于广州

目录

第 **1** 章

绪　　论

1.1　滩涂的概念及特征

滩涂原为我国沿海渔民对淤泥质潮间带的俗称，随着人们对滩涂认识的深入，其内涵有所变化。对此学术界尚未达成共识，对滩涂的定义也存在差异，总体来说有狭义和广义之分。狭义的滩涂指潮间带。方如康在其主编的《环境学词典》[1]中将滩涂定义为涨潮时被海水淹没、退潮时露出地面泥沙或砂质的潮间平地；李展平、张蕾将滩涂界定为涨潮时被海水淹没而退潮时露出水面的地带，即潮间带[2]。广义的滩涂包括潮间带、潮上带和潮下带。何书金等将滩涂界定为潮间带以及与之相连的陆地和浅海区域[3]。杨宝国、王颖、朱大奎认为滩涂主要指淤泥质海岸的潮间带浅滩，广义的滩涂还包括部分未被开发的生长着一些低等植物的潮上带及低潮时仍难以出露的水下浅滩[4]。

本书研究的滩涂包括低潮线和高潮线之间的潮间带，以及向海自然延伸的部分，即高潮线以上的滩地和低潮线以下水中的浅滩，主要以沿岸浅滩及拦门沙浅滩的形式存在。

滩涂不仅是河口水沙交换的场所，也是河口重要的纳潮区，以及红树林等南方沿海特有植物的适生场所，更是鱼类、贝类等海洋生物的栖息地，具有生态湿地功能；在海洋经济方面还具有渔业、港口、航运、旅游景观等功能，在一定条件下还可做优良的土地储备资源。

滩涂资源具有可再生性，其再生能力主要与上游径流来沙、潮流挟带的海相来沙及河口动力条件有关，而且滩涂的发育演变要经历一个漫长的过程。滩涂的这一特征决定了滩涂的开发利用不能超越其再生能力。

滩涂不仅具有资源开发利用的宝贵价值，也具有自然保护、科学研究、自然景观等价值，但也存在妨碍行洪、妨碍通航、有碍景观等不利影响，需要有效治理。如何协调滩涂开发利用、保护及整治是滩涂研究的重点和难点。

1.2　滩涂开发利用规划的研究意义

河口滩涂是河口地区生物赖以生存的稀缺资源，它既是重要的泄洪纳潮通道，也是当前河口城市开发建设的集聚区。切实遵循河口自然演变规律，科学开发利用滩涂资源，有利于河道行洪纳潮安全、人水和谐相处、保障区域经济社会可持续发展。

随着河口地区经济持续高速发展，城市化建设、工业化发展及产业结构调整等因素的影响，土地资源日趋减少已成为不争的事实。考虑到城市工业、港口、交通、居住等用地需求，滩涂作为一种后备土地资源，对促进土地动态平衡及社会经济发展有着举足轻重的作用。漫长的河口岸线为河口地区提供了丰富的滩涂资源。滩涂资源的合理开发利用既可以有效地促进河口地区的经济发展，缓和土地资源匮乏矛盾，减轻人口压力，还可以带来巨大的社会和经济效益。滩涂作为一种重要的湿地资源，其开发利用不仅要考虑经济利益，也要考虑生态环境。不合理开发利用会导致滩涂生态系统的严重失衡，造成水生态环境破坏，部分地区河口行洪通道被挤占，影响河口河势稳定和流域防洪安全。

为了对滩涂资源进行合理开发利用和科学保护，维护河口稳定、保障防洪安全、保护生态环境，促进河口地区经济社会可持续发展，应进行深入调查研究，科学编制滩涂开发利用规划。在全面摸清滩涂开发利用现状的基础上，按照全面、协调、可持续发展的要求，综合考虑多方面影响因素，选择最优滩涂开发利用规划方案。

1.3　滩涂开发利用规划编制思路

一般滩涂开发利用规划编制的思路如下：

（1）基本情况。简述自然概况、气象、水文、经济社会特征、现有滩涂规划、滩涂开发利用面临的形势。

（2）规划指导思想、原则与任务。制定规划指导思想与基本原则，说明报告编制依据，规划范围及水平年，规划任务与目标。

（3）滩涂演变与资源量分析。滩涂演变分析包括历史演变概况和近期演变分析（岸线变化、滩槽平面变迁与冲淤特性分析等）。根据滩涂历史演变规律与开发利用现状，分析预测滩涂发展趋势。论述周边水域滩涂开发利用状况，统计分析滩涂资源量及可开发利用量。

（4）滩涂开发利用规划方案。制定规划方案拟定思路，说明规划方案的拟定过程。

方案比选时，可采用数学模型和物理模型相结合的方式，从水（潮）位变化、泄洪分配比变化、纳潮量变化、流速、流场变化、冲淤变化等方面，分析规划方案对泄洪纳潮、水动力条件的影响；从水动力条件、生态环境、施工难易程度、工程效益等方面，分析比较各方案的优缺点，确定推荐方案。

（5）防洪（潮）、排涝工程初步规划。根据区域具体情况，结合相关防洪排涝规划，确定防洪标准和排涝标准。根据区域总体布局、防洪标准和排涝标准，初步确定区域内防洪排涝工程。

（6）环境影响评价。介绍评价范围、环境保护目标、环境现状分析、规划方案的环境影响与评价、环境影响减缓措施及环境影响评价结论。

（7）投资估算与效益分析。包括估算依据、投资估算、经济效益分析和社会效益分析等。

（8）管理规划及规划实施。为保证滩涂开发利用有序、高效进行，应对其管理机构配置一定的生产、生活、管理设施，并对主要建筑物进行监测，以确保工程安全运行。管理规划的内容包括管理机构设置、管理设施、管理调度规划和管理经费等。规划实施包括规划实施原则、实施安排及实施保障措施等。

1.4　高程基面及坐标系统

本书除特别说明外，高程均采用珠江基面高程，平面坐标系统采用 1954 北京坐标系。珠江基面与其他基面换算关系如图 1.4-1 所示，即：国家 85 高程－0.744m＝珠江基面高程；当地理论高程－2.00m＝珠江基面高程；黄海高程－0.586m＝珠江基面高程。

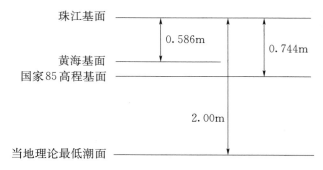

图 1.4-1 珠江基面与其他基面换算关系示意图

第 2 章

深圳市海洋新兴产业基地概况

伴随着"一带一路"倡议的合作发展理念，珠江三角洲地区正面临国际产业的新一轮转移，产业空间布局的调整与产业结构的优化升级势在必行。广东省成立了广州南沙、深圳前海蛇口、珠海横琴三个国家级自贸区，建立粤港澳金融合作创新体制、粤港澳服务贸易自由化，以及通过制度创新推动粤港澳交易规则的对接。深圳经济特区建立近 40 年来，经济社会持续快速发展，人口、土地、资源和环境"四个难以为继"的矛盾凸显。深圳市规划和国土资源委员会资料显示，目前深圳市可利用的土地面积仅占全市总面积的 2.23%，开发强度高达 47%，已经超过了香港。无论从可供开发的土地持有量，还是对现有土地的开发强度上看，土地资源已成为制约深圳市经济发展的主要瓶颈之一。

为缓解土地与社会发展的矛盾，《深圳市国民经济和社会发展第十二个五年规划纲要》制定了"主攻西部、拓展东部、中心极化、前海突破"的发展策略。其中特别提到加快西部填海工程，推进以机场为纽带的大空港地区建设。为落实"十二五"规划，深圳市确定了 353 个重大建设项目，其中 60 个被确定为标志性重大建设项目，大空港作为战略规划区域位列第二。深圳市相关领导调研时指出，大空港地区的规划发展符合深圳市未来长远发展的要求，有利于进一步发挥空港的辐射带动能力，拓展深圳市发展空间，加快转变经济发展方式，对珠江东岸沿线发展具有重要意义。为推进大空港地区规划建设，深圳市政府于 2012 年 9 月成立深圳市大空港地区规划建设领导小组。

大空港地区范围为西至珠江规划治导线，北至茅洲河，东至松福路、重庆路、广深高速公路，南至深圳市机场（鹤洲）至荷坳高速公路（简称"机荷高速"）延长线围合的区域，总面积约 95km²（包括大铲湾后方陆域），重点规划空港新城和启动区[5]。机场以北围填海新发展区为空港新城，由珠江规划治导线、深莞行政界线、松福大道、福永河围合区域，总面积约 45km²，其中西海堤以内现状滩涂地区为启动区，近期具备建设条件；半岛区为西海堤以外围填海用地。

2014 年 12 月，深圳市规划和国土资源委员会主持召开了大空港半岛区围填海申报工作联席会议第二次会议，会议将大空港半岛区围填海申报项目名称确定为深圳市海洋新兴产业基地。

2.1　自　然　概　况

2.1.1　地理位置

深圳市海洋新兴产业基地位于茅洲河河口（东宝河），西临伶仃洋，北望东莞长安新区，南接深圳宝安机场，为大空港的半岛区。深圳市海洋新兴产业基地地理位置示意图如图 2.1-1 所示。深圳市海洋新兴产业基地地处珠江河口东岸，临近远东航运中心——香港，背靠我国外向型经济最活跃的珠江三角洲地区，是南方开发最早、社会经济最发达的地区，也是空港运输最繁忙的地区之一。

2.1.2　水系组成

珠江三角洲由西北江三角洲和东江三角洲组成。西江、北江在思贤滘交汇之后进入西北江三角洲；东江在石龙附近进入东江三角洲。上述两个三角洲水系的水流分别由八大口门入海，其中东四口门由东向西分别是虎门、蕉门、洪奇门和横门。东四口门宣泄的水沙注入伶仃洋。虎门水道是广州出海水道和东江三角洲注入伶仃洋的主要通道。北江的支流沙湾水道分出的榄核涌、西樵涌和骝岗涌三条水道在亭角汇合后，与洪奇沥水道分出的东向汊道上横沥、下横沥汇入蕉门水道。洪奇门水道是番禺区和中山市的界河，它汇入了北江的支流李家沙水道及西江的支流顺德支流、容桂水道、桂洲水道、黄圃沥、黄沙沥水道。东海水道自南华起，东流至莺哥咀分汊为小榄、鸡鸦两水道，至接源合二为一后始称横门水道；横门水道呈东西走向，至横门口因为横门山的阻挡，水道分为南、北两汊，北汊顺直向东奔流至烂山附近与洪奇门水道汇合后流向东南，南汊穿芙蓉峡出金星门汇入外伶仃洋。

虎门：虎门是虎门水道的出口，虎门水道纳东江、流溪河水系全部来水来

图 2.1－1　深圳市海洋新兴产业基地地理位置示意图

沙和北江水系部分水沙后，从虎门注入伶仃洋。虎门的水流含沙量低，水深河宽，河床较稳定，出虎门向南是伶仃洋河口湾，东、西两条深槽将伶仃洋浅滩分隔为东滩、中滩和西滩三部分。伶仃洋—虎门—狮子洋是重要的纳潮泄洪通道，也是广州市主要的远洋出海航道。

　　蕉门：蕉门是蕉门水道的出口，地处内伶仃洋西侧，承泄北江及部分西江的水沙。蕉门水道上游由北江的支流沙湾水道分出的榄核涌、西樵水道和骝岗涌三条水道在亭角汇入，下游西侧通过洪奇沥水道的支汊上横沥、下横沥与较高含沙量的西江沟通，使蕉门成为东四口门中输沙量最大的口门。蕉门口外分汊为两条水道与伶仃洋相通，主干为东西向的凫洲水道，支汊蕉门延伸段沿万顷沙垦区向东南方向延伸。

　　洪奇门：洪奇门位于内伶仃洋的西北角，是洪奇沥水道的出口，洪奇门上游由北江的支流李家沙水道和西江的支流、容桂水道在板沙尾汇流而成，西侧有桂洲水道、黄圃沥、黄沙沥汇入，至大陇滘向蕉门分出上横沥、下横沥。自下横沥分水口向东南延伸至万顷沙垦区十七涌与横门北汊相汇后，其汇合延伸段进一步向东南方向延伸。

横门：横门是横门水道的出口。横门水道上游由西江的支流小榄水道和鸡鸦水道汇合而成，鸡鸦水道通过黄沙沥、黄圃沥与洪奇沥水道相通。横门水道出横门后分为南、北两汊，北汊为主干，与洪奇沥水道相汇后，经汇合延伸段入伶仃洋，南汊经芙蓉山峡口后，向南流入伶仃洋。

茅洲河：茅洲河流域位于珠江三角洲东南部，属珠江河口水系，跨越深圳市、东莞市两个经济发达地区。茅洲河发源于石岩水库的上游——羊台山，流经石岩、公明、光明、松岗、沙井街道，在沙井民主村汇入珠江河口。石岩水库的建设改变了原有水系的汇流状况，石岩水库以上流域的径流不再汇入茅洲河，而成为西乡河流域的一部分。当前茅洲河河口以上的集水面积为 $344.23km^2$（其中深圳市境内面积 $266.85km^2$，东莞市境内面积 $77.38km^2$），全长 $45.2km$。茅洲河河口河段也称为东宝河。

2.1.3　河道基本情况

深圳市海洋新兴产业基地所在的伶仃洋，平面上呈北北西—南南东走向的喇叭形，是珠江最大的河口湾。湾内汇集了珠江八大口门中的东部四个口门，即虎门、蕉门、洪奇门和横门，接纳东江、流溪河全部及北江大部分、西江部分来水。赤湾、内伶仃岛、淇澳岛、唐家湾一线以北的区域称为内伶仃洋，水域面积近 $1000km^2$，湾口宽约 $30km$。

伶仃洋水下地形存在"两槽三滩"格局，即东槽和西槽，东滩、中滩和西滩。东槽又称矾石水道，位于东滩和中滩之间，由川鼻水道经丫仔山、大铲岛、赤湾西侧、铜鼓岛东侧，向东流入香港暗士顿水道；西槽又称伶仃水道，位于中滩和西滩之间，由川鼻水道经舢舨洲、内伶仃岛、桂山岛流入南海，目前是黄埔港和广州港的出海航道。东滩沿东岸呈条带状分布，紧靠东槽的东侧；中滩常称矾石浅滩，夹于东槽和西槽之间，形状呈南宽北窄的狭长形；西滩位于西槽以西，面积广阔，由鸡抱沙浅滩，孖沙浅滩、沙仙尾滩、进口浅滩、横门浅滩等大小浅滩构成。以伶仃洋西槽（伶仃水道）西侧 $5m$ 等深线为界，以西的西部浅滩区属于径流作用为主的河口，以东的槽滩区属于潮流作用为主的河口。$5m$ 等深线沿伶仃水道向虎门嵌入，把伶仃洋分为东、西两部分，东部的 $10m$ 等深线由香港急水门、沿暗士顿水道伸入到赤湾，而 $5m$ 等深线则直达虎门。在东、西两条 $5m$ 等深线之间，水深不足 $5m$ 的矾石浅滩位于伶仃洋中部称为中滩。中滩以东为矶石水道（东槽），中滩以西为伶仃水道（西槽）。内伶仃洋水下地形的两槽（东槽和西槽）和三滩（西滩、中滩、东滩）的格局，近百年以来虽然无大的变化，但滩槽的平面形态仍在不断变化，其总的趋势是西滩向东南方向扩展，中滩向东淤长，东滩向西略有扩展，深槽向东渐淤，并有下移趋势。

规划区（即深圳市海洋新兴产业基地）位于伶仃洋东岸、茅洲河河口左岸下游。茅洲河河口断面上游 1.5km 处河宽约 270m，至河口断面放宽至 700m。从茅洲河－3m 等高线可以看出，茅洲河主槽在河口断面上游 900m 处存在拐点，其上游主槽走向为西南向，经拐点处宽约 130m、高约－0.5m 的边滩阻挡后向南偏转，以南偏西 10°向下游延伸；至下涌口外贴近规划区岸线后向西偏转，以南偏西 30°向下游延伸，与伶仃洋东滩－3m 等高线连接。

规划区内的河道包括茅洲河下游界河段以及 9 条河涌，由北至南分别为德丰围涌、石围涌、下涌、沙涌、和二涌、沙福河、塘尾涌、和平涌、玻璃围涌。规划区现状河道基本情况见表 2.1－1。

表 2.1－1 规划区现状河道基本情况统计表

行政分区	河流名称	流域面积/km²	河道长度/km	现状行洪能力（洪水重现期）/年
东莞市、深圳市	茅洲河	344.23	45.2	100～200
沙井街	德丰围涌	2.40	2.6	5～50
	石围涌	1.72	2.2	5～50
	下涌	6.11	4.3	5～50
	沙涌	4.45	4.5	10～50
	和二涌	2.10	3.3	10～50
	沙福河	11.98	4.7	10～50
福永街	塘尾涌	4.47	2.3	10～50
	和平涌	1.46	2.1	5～50
	玻璃围涌	2.37	2.3	10～50

2.2 气象、水文及泥沙条件

2.2.1 气象条件

深圳市属南亚热带季风气候，夏长冬短，气候温和，日照充足，雨量充沛。春季天气多变，常出现"乍暖乍冷"的天气，盛行偏东风；夏季长达 6 个多月（平均夏季长 196 天），盛行偏南风，高温多雨；秋冬季节盛行东北季风，天气干燥少雨。

（1）气温。多年平均气温一般在 22℃ 左右，年平均气温的年际变化不大，变幅为 1℃ 左右，历年最高气温在 35℃ 以上，极端最高气温为 38.2℃；年最低气温一般出现在 1 月、2 月及 12 月，其中 1 月最低，平均为 13～14℃，历年最低气温一般都在 0℃ 以上，极端最低气温为 −0.5℃。历年平均日最高气温大于等于 30℃ 的日数为 131.8d；历年平均日最高气温大于等于 35℃ 的日数为 4.9d。

（2）降水。多年平均降雨量为 1774.1mm；历年最大降雨量为 2394.9mm，历年最小降雨量为 972.2mm。最大日降雨量为 367.8mm，最大连续降雨量为 481.3mm。降雨量不大但年际变化较大，年内分配也不均匀，通常是汛期（4—9 月）的降雨量占年总量的 80% 以上，非汛期（1—3 月、10—12 月）的降雨量不足年总量的 20%，而汛期降水主要集中在 5—8 月，约占年总量的 60% 以上，故夏秋易涝，冬春易旱。

（3）风向、风速。本地区常风向为 ENE 向，频率为 15.9%；次常风向为 E 向及 NE 向，频率分别为 13.6% 和 12.4%。强风向为 ESE，实测最大风速为 40m/s（10min 的平均值）。

风向频率有季节变化，春季以 ENE 向风为主，其次是 E 向；夏季以 S 向风为主，其次是 SSW 向；秋季以 E 向风为主；冬季以 N 向风为主，其次是 E 向及 SE 向。规划区附近赤湾气象站风向频率、平均风速和最大风速详见表 2.2-1。

表 2.2-1　　　　　　　　　　赤湾气象站风要素表

风向	N	NNE	NE	ENE	E	ESE	SE	SSE	C
平均风速/(m/s)	3.8	3.7	4.0	4.7	4.2	4.1	4.0	4.3	
最大风速/(m/s)	22	22.7	15.7	27	25	33	23.7	21	
风向频率/%	7.0	8.1	12.4	15.9	13.6	4.5	3.4	2.9	
风向	S	SSW	SW	WSW	W	WNW	NW	NNW	C
平均风速/(m/s)	5.1	4.7	3.2	2.7	2.7	3.3	3.7	4.2	
最大风速/(m/s)	18	22	22	23.5	22.1	19.3	19	17	
风向频率/%	9.1	6.9	2.5	1.7	2.3	2.3	3.1	3.7	0.6

（4）相对湿度。本地区年平均相对湿度为 78%，每年 3—8 月相对湿度较

大，月平均相对湿度均大于 80%；10 月至次年 2 月相对湿度略小，其中 11 月最小，为 63%。

2.2.2 水文条件

2.2.2.1 径流特征

珠江水系主要由西江、北江、东江和珠江三角洲网河区组成，每年的 5—10 月为汛期，其中 5—6 月的洪水以东江、北江来水为主；7—8 月的洪水则以西江为主。珠江入海八大口门中的东四口门，即虎门、蕉门、洪奇门、横门位于伶仃洋湾顶及西北侧，这四个口门承泄珠江 60% 的洪水和 50% 的年径流量。西江洪水经思贤滘与北江洪水沟通，两江同时遭遇的几率较多，根据有关资料分析，西江、北江洪水在思贤滘遭遇几率约为 15%，遭遇洪水峰高量大，对西北江三角洲河道及口门造成的防洪压力很大。

径流年际变化：受气候变化影响，流域内降雨有丰、枯年之分。各江最大年径流量出现的时间不一，而最小年径流量同时于 1963 年出现，最大与最小年径流量之比为 2.6~9.8 倍，其中北江最大，西江最小。据 1959—2000 年资料分析，进入西北江三角洲的水量出现了两个枯水年组和两个丰水年组：20世纪 60 年代和 80 年代为枯水年组；20 世纪 70 年代和 90 年代为丰水年组。

径流年内变化：珠江流域的降水受季风气候控制，径流年内分配不均，每年 4—9 月为洪季，马口站、三水站径流量分别约占年总量的 76.9% 和 84.8%；1—3 月及 10—12 月为枯水期（也称枯季），马口站、三水站径流量分别约占年总量的 23.1% 和 15.2%。

三角洲分流比变化：20 世纪 90 年代后期，受人类活动等影响，西北江三角洲分流比有所变化，马口站、三水站流量占两站流量总和的比值情况见表 2.2-2。三水站的分流量增加约 11.2%，相当于 1959—1989 年平均分流量的 78.6%；而马口站减少约 11.2%，相当于 1959—1989 年平均分流量的 13.0%。两站分流比的变化，使北江网河水流动力增强，而西江网河的水流动力处于减弱趋势。北江三角洲分流比增大加大了河道泄洪任务，对蕉门水道的防洪形势有所不利。1998 年之后，珠江三角洲河道采砂活动有所控制，西北江三角洲分流比的变化逐渐趋于稳定（表 2.2-2 和表 2.2-3）。

口门泄洪比：珠江三角洲河网区，河道纵横交错，水沙互相灌注，流域来水来沙最后由八大口门宣泄入海。伶仃洋的东四口门中，蕉门、洪奇门、横门受西江、北江洪水影响较大，虎门受北江洪水影响大。

根据《深圳市防洪潮规划修编及河道整治规划——防洪潮修编规划报告（2014~2020）》[6]，茅洲河河口各级频率的设计洪峰流量见表 2.2-4。

表 2.2 - 2　马口站、三水站流量占两站流量总和的比值情况（1959—1997 年）

年　份	西江马口站		北江三水站	
	年平均流量/(m³/s)	占比/%	年平均流量/(m³/s)	占比/%
1959—1989 年	7563	85.8	1253	14.2
1990—1992 年	7066	85.2	1231	14.8
1993—1995 年	7988	78.2	2229	21.8
1996—1997 年	7861	74.6	2674	25.4
变化值		11.2		11.2

表 2.2 - 3　马口站、三水站流量占两站流量总和的比值变化情况（典型洪水）

典型洪水	西江马口站		北江三水站	
	洪峰流量/(m³/s)	占比/%	洪峰流量/(m³/s)	占比/%
1998 年 6 月洪水	46200	74.03	16200	25.97
1999 年 7 月中洪水	26800	74.40	9220	25.60
2005 年 6 月洪水	52100	76.06	16400	23.94

表 2.2 - 4　茅洲河河口各级频率的设计洪峰流量

洪水频率/%	0.5	1	2	5	50
洪峰流量/(m³/s)	1906	1628	1429	1172	500

2.2.2.2　潮汐特征

潮位：珠江河口的潮汐为不正规半日混合潮型，一个太阴日（约 24h50min）中有两涨两落，半个月中有大潮汛和小潮汛，历时各三天。因受汛期洪水和风暴潮的影响，最高潮位一般出现在 6—9 月，最低潮位一般出现在 12 月至次年 2 月。

根据《珠江流域防洪规划》[7] 及《珠江流域防洪规划水文分析报告》[8]，规划区附近水文站各频率设计洪（潮）水位见表 2.2 - 5。

表 2.2 - 5　　规划区附近水文站各频率设计洪（潮）水位　　单位：m

站名	洪水频率					
	0.5%	1%	2%	5%	10%	20%
舢舨洲站	2.87	2.72	2.58	2.38	2.22	2.05
赤湾站	2.44	2.31	2.18	2.00	1.86	1.71

规划区附近主要潮位站潮位特征值统计见表2.2-6。

潮差：珠江口门平均潮差为 0.85~1.62m，属于弱潮河口，其中以虎门的潮差最大，黄埔站最大涨潮差达到 3.38m。横门、洪奇门、蕉门等径流作用较强的河道型河口，潮差自口门向上游呈递减趋势；而伶仃洋河口湾，自湾口向内至湾顶潮差沿程增加，赤湾站多年平均涨潮差为 1.38m，到黄埔站达到 1.62m。

涨、落潮历时：口门外的赤湾站涨、落潮历时几乎相等，潮位过程呈对称型。口门以内，无论洪季还是枯季，落潮历时均大于涨潮历时，越往上游此现象越明显，南华站多年平均涨潮历时只有 4h46min，而落潮历时达到 8h18min。枯季涨潮历时较洪季长，而落潮历时较洪季短。东四口门中多年平均落潮历时与涨潮历时的比值以洪奇门冯马庙站最小，以虎门大虎站最大（表2.2-6）。

山潮比（净泄量与涨潮量之比，是衡量径流与潮流相对强弱的一个指标）：多年平均山潮比，虎门最小，其他口门由小到大依次为蕉门、洪奇门、横门。丰水年山潮比大，枯水年山潮比小。虎门站山潮比丰、枯水年分别为 0.38、0.24，属径流弱潮流强的潮流型口门，但近年来虎门的径流相对增强，其他三个口门的山潮比大于1，属于径流型河口，近年来洪奇门、横门和蕉门的山潮比有所增加。

台风暴潮增水：伶仃洋的台风暴潮增水现象与台风登陆的路线有关。台风在深圳市至台山市之间登陆时均能引起海区较大的增水，强台风增水 1m 以上，小台风增水 0.8m 以下；在雷州半岛至海南岛北部之间登陆时，只有强台风和中台风有增水影响；在大亚湾以东登陆时，只有强台风有小增水影响。伶仃洋的喇叭形口门形态对风暴增水有影响，当风暴潮波向里传入时，波能逐渐集中，波高相对增大，其最大相对增水值由外向里逐渐递增，如赤湾站为 1.50m、横门站为 1.68m、舢舨洲站为 2.43m。此外，洪水径流和潮流对台风暴潮增水亦有一定作用，如 6—9 月既是台风出现频率大的季节，又是洪峰集中的月份，当台风暴潮遇上洪峰到来时，往往导致潮位猛升。历史上较大的台风暴潮增水有 8309 号和 9316 号、2001 年 7 月的"尤特"、2003 年 9 月的"杜鹃"、2008 年的"黑格比"、2017 年的"天鸽"等。近年来，台风登陆频次明显增多。

2.2.2.3 潮流特征

分析1991年、1992年、1999年、2002年、2003年和2007年六次水文测验资料，深槽水域的流速大小与潮差有着密切关系，即潮差越大，涨、落潮平均流速也越大；反之，潮差越小，涨、落潮平均流速也就越小。这种对应关

表 2.2－6　　规划区附近主要潮位站潮位特征值统计表

站名	高潮位			低潮位			涨潮差			资料年份
	多年平均/m	历年最高/m	出现时间	多年平均/m	历年最低/m	出现时间	多年平均/m	历年最大/m	出现时间	
横门站	0.61	2.62	1993 年 9 月 17 日	-0.47	-1.25	1955 年 2 月 20 日	1.12	2.97	1993 年 9 月 17 日	1953—2008 年
南沙站	0.63	2.68	1993 年 9 月 17 日	-0.69	-1.60	1971 年 3 月 23 日	1.32	3.27	1993 年 9 月 17 日	1953—2008 年
万顷沙西站	0.64	2.58	1993 年 9 月 17 日	-0.56	-1.39	1962 年 12 月 30 日	1.20	2.94	1993 年 9 月 17 日	1953—2008 年
大虎站	0.64	2.55	1993 年 9 月 17 日	-0.93	-1.88	1991 年 1 月 2 日	1.57	3.64	1993 年 9 月 17 日	1984—2008 年
舢舨洲站	0.62	2.65	1983 年 9 月 9 日	-0.98	-1.99	1966 年 1 月 7 日	1.60	3.17	1983 年 9 月 9 日	1954—2008 年
赤湾站	0.42	2.26	2008 年 9 月 24 日	-0.95	-2.13	1968 年 12 月 22 日	1.38	3.27	1993 年 9 月 17 日	1964—2008 年

站名	落潮差			涨潮历时			落潮历时			资料年份
	多年平均/m	历年最大/m	出现时间	多年平均	历年最大	出现时间	多年平均/m	历年最大/m	出现时间	
横门站	1.12	2.75	1983 年 9 月 9 日	5h17min	16h50min	1989 年 10 月 9 日	7h14min	13h30min	1987 年 9 月 17 日	1953—2008 年
南沙站	1.32	3.15	1983 年 9 月 9 日	5h18min	17h40min	1960 年 4 月 5 日	7h14min	12h40min	1998 年 1 月 22 日	1953—2008 年
万顷沙西站	1.20	2.84	1983 年 9 月 9 日	5h14min	17h35min	1960 年 4 月 5 日	7h17min	13h15min	1987 年 9 月 17 日	1953—2008 年
大虎站	1.57	3.36	1989 年 7 月 18 日	5h44min	20h06min	2000 年 7 月 2 日	6h48min	18h09min	2000 年 7 月 3 日	1984—2008 年
舢舨洲站	1.60	3.58	1970 年 12 月 2 日	5h46min	17h30min	1968 年 3 月 9 日	6h44min	11h25min	1983 年 10 月 14 日	1954—2008 年
赤湾站	1.38	3.47	1989 年 7 月 18 日	6h21min	18h30min	1986 年 11 月 26 日	6h15min	11h15min	1987 年 9 月 17 日	1964—2008 年

系，在涨潮状态下具有较好的相关性，而落潮时相关性较差，究其原因，主要是径流的影响所致。

伶仃洋潮流基本呈往复流动，涨、落潮水流近似南北向。潮段平均流速，内伶仃岛以北（上段）是落潮大于涨潮，内伶仃岛以南（下段）是涨潮大于落潮。其中上段的平均流速，伶仃和矶石两条深槽内基本相近；下段以伶仃洋深水航道为强，铜鼓海域为伶仃洋中最低的流速区。

2.2.2.4 洪潮遭遇特征

感潮河流能否容纳暴雨带来的流量，要视其暴雨力及其持续时间、河口潮水位及这些影响在时间上的互相配合而定。在河道宣泄大流量期间，会出现异常高潮水位的危险。遭遇分析以洪水为主、潮汐相应和以潮汐为主、洪水相应这两个方面来研究洪潮遭遇问题。

由于深圳地区实测径流资料较少，不能满足分析的要求，只能应用雨量资料进行分析。根据深圳地区河流的特性，茅洲河、深圳河洪水的主峰段一般在24小时内，故采用24小时时段雨量与对应的潮位进行组合遭遇分析。

1. 年最大洪水（雨量）与潮汐的遭遇分析

根据《宝安区防洪排涝及河道治理专项规划》[9]，统计赤湾站年最大24小时暴雨量出现时间及相应的最高潮位（表2.2-7）。

历年最大降雨量相应的最高潮位系列（1967—2012年的资料）分析表明，与年最大洪水相应的最高潮位一般都小于多年平均最高潮位2.12m。因此，若用多年平均最高潮位与设计洪水相遭遇，已基本上能涵盖历年所出现过的年最大洪水与潮汐的遭遇情况。

2. 年最高潮位与24小时雨量的遭遇分析

假定洪水与暴雨相应，以相应于赤湾站年最高潮位相应的赤湾雨量站24小时降雨量进行分析，赤湾站年最高潮位与洪水的遭遇情况详见表2.2-8。

赤湾站历年最高潮位对应的最大24小时降雨量为123.1mm，均小于该站多年平均最大24小时降雨量均值170.9mm。因此，若用多年平均年最大24小时暴雨所产生的洪水与设计年最高潮水位遭遇，已基本上能涵盖历年所出现过的年最高潮位与洪水的遭遇情况。

2.2.3 泥沙条件

珠江三角洲河流输沙主要以悬移质为主，含沙量较小，各主要控制站多年平均值为 $0.11\sim0.31kg/m^3$。河流含沙量虽然较小，但因径流量大，输沙量也较大，据1959—2000年资料统计，马口站多年平均输沙量7280万t，三水站多年平均输沙量932万t，博罗站多年平均输沙量257万t（表2.2-9）。

表 2.2 - 7　　赤湾站 24 小时最大降雨量及相应的最高潮位统计表

年	月	日	最大降雨量 /mm	相应最高潮位 /m	年	月	日	最大降雨量 /mm	相应最高潮位 /m
1967	8	16	136.0	1.67	1990	9	10	84.4	1.31
1968	8	21	117.0	1.72	1991	7	30	126.7	1.36
1969	6	2	102.0	1.72	1992	6	13	229.1	1.41
1970	8	3	192.0	1.52	1993	11	4	312.0	1.81
1971	5	19	103.0	0.80	1994	7	21	358.8	1.75
1972	5	6	127.0	1.10	1995	7	26	242.9	1.38
1973	5	6	197.6	1.84	1996	8	15	104.3	1.50
1974	10	19	174.7	1.22	1997	7	2	214.4	1.48
1975	10	14	127.5	1.30	1998	5	24	165.6	1.51
1976	8	24	207.9	1.86	1999	8	23	158.8	1.50
1977	9	5	131.5	1.19	2000	4	13	503.1	1.12
1978	7	29	122.6	1.14	2001	6	5	179.7	1.53
1979	9	23	104.8	1.38	2002	9	14	122.9	1.38
1980	3	5	147.7	0.83	2003	5	6	177.0	1.40
1981	8	27	116.0	1.29	2004	5	8	76.0	1.56
1982	5	28	217.1	1.59	2005	8	19	133.0	1.56
1983	6	17	135.9	1.23	2006	9	19	137.0	1.50
1984	9	1	220.2	1.33	2007	4	14	85.5	1.38
1985	9	5	131.5	1.36	2008	6	13	268.0	1.13
1986	5	11	170.5	1.43	2009	7	18	112.0	1.29
1987	4	5	174.1	1.24	2010	5	6	103.0	1.38
1988	7	19	207.8	1.38	2011	6	17	87.0	1.29
1989	5	20	259.0	1.87	2012	6	20	172.5	1.16

注　水位为黄海基面；多年平均最大降雨量为 170.9mm；赤湾站相应的多年平均潮位为 1.42m；赤湾站最高潮位多年平均值为 2.12m。

表 2.2 - 8　　　赤湾站年最高潮位及相应的 24 小时降雨量统计表

年	月	日	年最高潮位 /mm	相应 24 小时降雨量/m	年	月	日	年最高潮位 /mm	相应 24 小时降雨量/m
1965	7	15	2.17	21.3	1989	7	18	2.07	42.5
1966	9	15	2.02	0.0	1990	7	22	2.00	3.0
1967	10	19	2.09	0.0	1991	7	24	2.29	6.2
1968	11	22	1.95	0.0	1992	10	27	2.06	1.3
1969	7	29	2.38	14.0	1993	9	17	2.82	46.9
1970	2	6	1.96	0.0	1994	6	25	2.06	17.5
1971	10	8	2.28	0.0	1995	6	15	2.05	2.2
1972	11	8	2.13	37.0	1996	9	9	2.29	1.2
1973	7	2	2.05	0.0	1997	7	21	2.00	0.0
1974	10	13	1.78	0.4	1998	10	25	2.04	10.1
1975	11	4	1.92	0.3	1999	7	14	1.97	0.0
1976	11	23	1.94	0.0	2000	1	21	1.46	0.0
1977	9	22	1.93	0.0	2001	7	6	2.56	123.1
1978	10	14	1.94	0.0	2002	5	28	1.94	0.0
1979	8	9	1.97	43.7	2003	7	15	2.11	0.0
1980	5	17	1.88	0.0	2004	7	13	2.08	17.7
1981	7	3	1.45	5.8	2005	9	2	2.09	5.5
1982	6	25	1.87	0.0	2006	7	11	2.13	0.0
1983	9	9	1.77	73.1	2007	7	30	2.04	1.4
1984	10	28	2.00	0.0	2008	9	24	2.85	60.1
1985	6	4	1.91	4.7	2009	9	15	2.12	36.5
1986	8	20	2.08	13.3	2010	10	27	1.96	0.0
1987	6	14	2.08	0.0	2011	10	3	2.24	1.2
1988	10	26	2.17	0.8	2012	7	24	2.20	49.5

注　水位为黄海基面；赤湾站多年平均最大 24 小时降雨量均值为 170.9mm；赤湾站多年平均最高潮位为 2.12m；历年最高潮位对应的最大日降雨量为 123.1mm。

表 2.2 - 9　　　　　珠江三角洲上边界控制水文站泥沙特征值统计表

站名	含沙量				输沙量					
	多年平均含沙量/(kg/m³)	最大年平均含沙量		最小年平均含沙量		多年平均输沙量/万t	最大年输沙量		最小年输沙量	
		数值/(kg/m³)	发生年份	数值/(kg/m³)	发生年份		数值/万t	发生年份	数值/万t	发生年份
马口站	0.308	0.48	1991	0.134	1963	7280	13200	1968	1620	1963
三水站	0.208	0.32	1988	0.061	1963	932	1830	1994	57.5	1963
博罗站	0.104	0.17	1957	0.013	1987	257	580	1959	32.5	1963
高要站	0.32	0.53	1991	0.156	1963	7160	13100	1983	1670	1963
石角站	0.134	0.31	1982	0.056	1963	566	1400	1982	91.2	1963

输沙量的年内分配，洪、枯季比例悬殊，洪季河流含沙量较大，导致输沙量集中，如马口站洪季的输沙量占全年输沙量的 94.7%，三水站占 94.5%，博罗站占 89.1%；枯季的输沙量很少，仅占 5.3%～10.9%。

20 世纪 90 年代后，受河网区河道分流变化的影响，三水站、马口站控制断面的分沙关系也发生了较大变化，三水站断面年均输沙量占西江、北江来沙量的比例由 80 年代的 9.8% 提高到 90 年代的 19.6%，马口站断面的输沙量比例相应减小。

口门分沙比：珠江河口 1999 年 7 月、2005 年 6 月两次汛期同步实测输沙量成果分析见表 2.2 - 10。与 20 世纪 90 年代以前相比，东四口门输沙量有所增加，西四口门输沙量则有所减少（表 2.2 - 11）。东四口门输沙共占八大口门的 55.5%，与 1956—1979 年的成果相比增加 7.8%，总体上，虎门输沙量有所减少，蕉门、洪奇门增加较多，横门略有增加。

表 2.2 - 10　　　　　　　　东四口门平均输沙量分配表

口门	平均输沙量/万t	占八大口门总量的比例/%
虎门	125.9	7.5
蕉门	323.8	23.6
洪奇门	155.8	11.0
横门	182.6	13.4
合计	788.1	55.5

注　平均输沙量为 1999 年 7 月、2005 年 6 月实测资料平均值。

表 2.2－11	东四口门多年平均输沙量分配表	
口门	多年平均输沙量/万 t	占八大口门总量的比例/％
虎门	658	9.3
蕉门	1289	18.1
洪奇门	517	7.3
横门	925	13.0
合计	3389	47.7

注　多年平均输沙量统计资料为 1956—1979 年实测资料平均值。

伶仃洋水域含沙量的分布，一般规律是西北高、东南低，洪季大于枯季，河口大于两槽，上段大于下段，底层大于表层，伶仃洋深水航道大于矶石水道。

造成这种分布的主要原因是：伶仃洋深水航道上段水体含沙量主要来自蕉门且经凫洲水道直接输沙（表 2.2－12）。由于伶仃洋深水航道深槽与西滩之间的水流动力存在着明显的界面，即所谓的清浑水分界线，在这种明显界面作用下，蕉门延伸段水道和横门东水道的含沙量较高的水体基本不会直接进入伶仃洋深水航道，只有涨潮时，在涨潮水流不断向东偏转的作用下，可产生间接影响。根据实测含沙量分布规律来看，伶仃洋深水航道悬沙含沙量高值区主要分布在舢舨洲至内伶仃岛之间的航道段内，而下段水体含沙量很小。

表 2.2－12　　　　　伶仃洋东四口门含沙量统计结果　　　　单位：kg/m³

口门	1978 年洪季		1992 年 7 月 2—17 日		1999 年 7 月 15—24 日		2005 年 5 月 10 日至 7 月 7 日		2007 年 8 月 13—17 日	
	平均	最大	平均	最大	平均	最大	平均	最大	平均	最大
虎门	0.15	0.31	0.14	0.29	0.07	0.20	0.12	0.25	0.10	0.20
蕉门	0.19	0.40	0.12	0.26	0.35	1.26	—	—	0.06	0.09
洪奇门	0.22	0.45	0.28	0.53	0.31	1.06	—	—	0.06	0.11
横门	0.23	0.45	0.24	0.47	0.30	1.00	0.19	0.34	0.08	0.16
平均	0.20	0.40	0.20	0.39	0.28	0.88			0.08	0.14
备注	34 个潮周潮		连续观测 10 天							

2.3　水流泥沙特征遥感信息分析

规划区位于伶仃洋东岸北部，北邻茅洲河河口，南接深圳港宝安综合港区一期工程，西侧为广阔的伶仃洋水域，受径流和潮汐的共同作用，水沙环境复杂。同时由于岸线边界特征的变化，本区域的水沙输移也发生一定改变。本节通过遥感信息分析，掌握伶仃洋及规划区水沙输移的宏观特征，为分析滩槽稳定性提供基础。

2.3.1　潮流分析

2.3.1.1　涨潮流势分析

内伶仃洋水域在涨潮阶段主要形成东、西两股涨潮主流：西侧涨潮主流由湾口进入大濠水道，再沿西槽上溯、汇入川鼻深槽，进入虎门及以上的狮子洋；东侧涨潮流由香港暗士顿水道，接矾石水道（东槽）上溯，该股涨潮流悬沙含量极低，流势集中，是影响规划区附近水域的主要涨潮动力。

（1）初涨阶段。东槽涨潮流与伶仃洋下泄流在伶仃洋中段水域相互作用形成缓流区，该缓流区的位置随着上游来水量的变化，在深圳机场至赤湾前沿水域间摆动；茅洲河此时以落潮流为主。

初涨时刻东槽涨潮流先于西侧涨潮流上溯，当深圳机场附近处于初涨阶段时，伶仃洋上部和中、西部水域仍有落潮水流下泄，来自香港暗士顿水道上溯的涨潮流已进入矾石水道。涨潮流与伶仃洋下泄流在伶仃洋中段水域相互作用，形成较高悬沙浓度的缓流区。该缓流区的位置随着上游来水量的变化，在深圳机场至赤湾前沿水域间摆动：枯季含沙量较高缓流区出现在深圳机场前沿水域附近；洪季则出现在深圳机场至妈湾、赤湾前沿水域间。洪季初涨时段，规划区前沿水域以虎门下泄水流作用为主，规划区所在近岸区则受到茅洲河落潮流影响。

（2）涨急阶段。涨潮流在深圳港宝安综合港区一期工程西侧附近分流，部分涨潮流以正北向进入交椅湾，显著降低规划区所在水域含沙量，同时对茅洲河河口的污染水体起到显著稀释作用。

当深圳机场处于涨急阶段时，潮流作用进一步加强，伶仃洋水域内涨潮流势明显，东槽涨潮流流势较西槽更为集中。规划区所在伶仃洋东部水域仍以经暗士顿水道上溯的涨潮流作用为主，这股从香港暗士顿水道上溯的潮流，悬沙含量极低，流势集中。在中枯水期，东槽涨潮流可经规划区前缘矾石水道直达虎门以内，规划区所在东滩则形成含沙量较高的缓流区；洪季则受虎门川鼻水道下泄流顶托，潮流动力方向偏东，上溯流影响范围明显下移。

规划区所在水域涨潮流流势特征表现为：中枯水期，自暗士顿—矾石水道的涨潮流以北偏西向上溯，至深圳机场前沿水域，大部分涨潮流继续以北偏西向进入虎门，部分涨潮流沿正北向的涨潮通道上溯进入交椅湾。进入交椅湾的涨潮流，在初涨阶段时，会随虎门落潮流向外海流去，在涨潮槽与川鼻水道间形成半封闭的逆时针环流；在涨急阶段涨潮流绕湾而出与川鼻水道涨潮流汇合，在虎门川鼻深槽东侧形成缓流区。进入交椅湾的部分涨潮流沿茅洲河河口向上游上溯，涨潮流含沙量较低，显著降低本水域含沙量，同时对茅洲河河口的污染水体起到了很好的稀释作用，是影响该水域的主要涨潮流动力。洪季，受上游径流动力的作用和影响，矶石水道、矶石浅滩、伶仃洋东滩和深圳湾上部水域形成了高含沙量的冲淡浑水，即外海涨潮流与河流下泄浑水的混合水体，规划所在水域为冲淡水影响区。

2.3.1.2 落潮流势分析

（1）中枯水期落潮时，伶仃洋西滩与西槽间形成动力平衡线，制约了伶仃洋西部口门落潮水沙进入交椅湾水域，规划区所在水域主要受虎门落潮流作用。

中枯水期，落潮时，由于虎门的落潮流量远大于西侧蕉门、洪奇门及横门，虎门落潮流动力制约了西侧各口门下泄水流的流路，使西侧口门下泄流和西滩滩面下泄流大致被限制在西滩前缘－5m等高线以内。西部浅滩落潮流由于受各口门来水、浅滩地形及风浪的影响，水体含沙量相对较高，从蕉门延伸段出口至淇澳东一线，落潮流向基本为东南向，两种水流相互顶托，后者受到前者的制约，形成了两侧水体清浊分明的界面，即水动力相对平衡线，实为西部浅滩与深槽之间水动力与泥沙的锋面。在不同潮型和径流的组合条件下，这一分界线的位置及形态在一定范围内发生变化。由于虎门落潮主流形成的水动力相对平衡线制约了西部口门下泄水沙的运移范围，为规划区附近水域一带营造了一个低流速、低含沙量的水沙环境。

（2）洪季时，西部口门下泄水沙在一定时段影响到内伶仃洋中东部水域，在落潮后期至初涨阶段，随落潮流进入交椅湾，间接影响规划区附近水域。

洪季时，蕉门凫洲水道的含沙水体直接汇入虎门川鼻深槽，与虎门落潮流相混并下移进入内伶仃洋。从蕉门南支、洪奇门水道和横门北支泄出的部分下泄水沙越过西槽中上段，进入内伶仃洋。近期以来由于口门的延伸特别是蕉门口鸡抱沙的成陆，凫洲水道落潮流被挑流进入虎门，在落潮后期至初涨阶段，随落潮流进入交椅湾，从而间接影响到了规划区附近水域的水沙情势，但影响程度不大。

（3）虎门部分落潮流沿交椅湾涨潮槽进入湾内，压迫茅洲河落潮流以西偏南向汇入东滩落潮流，对规划区附近水域产生直接影响。

枯季落急时刻，虎门落潮流出虎门后，部分落潮流沿湾内涨潮槽进入湾内。茅洲河由于接纳城市污水，落潮流呈现较深的颜色，与虎门落潮流形成明显的界限，茅洲河下泄流受上部汇入的虎门落潮流影响，以西南偏南向汇入伶仃洋落潮流。

2.3.2 遥感悬沙分布分析

规划区位于交椅湾南侧湾口岸段，根据遥感悬沙定量分析结果，规划区附近水域悬沙分布存在以下特点。

（1）洪季。规划区附近浅滩受西部口门特别是凫洲水道下泄水沙扩散影响较大，但矾石水道涨潮流对规划区附近水域含沙水体稀释效应明显。

洪季，西部高含沙量中心出现在蕉门口门外的孖沙尾浅滩、洪奇门与横门北支汇合槽道以东的进口浅滩。规划区附近的伶仃洋东部水域的泥沙主要来源：①凫洲水道径流挟沙排入川鼻水道后，部分泥沙直接进入交椅湾水域；②西部口门及西滩上的洪季较高含沙水流受西部高水位影响越过西槽扩散至伶仃洋中部水域后，再间接扩散到本水域。但由于近年伶仃洋西槽浚深，其下泄动力增强，再加上伶仃东槽上溯潮流的稀释作用，对西滩泥沙的阻隔作用非常显著。因此，这部分西滩水沙对规划区水域的影响已很小。

对规划区附近的交椅湾水域来说，洪季悬沙含量明显比中枯水期有所提高，其平面分布有如下特征：①西北面的凫洲水道汇川鼻深槽出口水域及交椅沙水域悬沙含量相对较高，一般为 $0.08 \sim 0.15 kg/m^3$；②规划区所在近岸浅滩水域，由于水动力较弱，虎门及凫洲水道下泄部分水沙易在此富集，水体悬沙含量较高，一般为 $0.15 \sim 0.20 kg/m^3$；③规划区以南的东滩，易受矾石水道涨潮流影响，出现 $0.04 \sim 0.06 kg/m^3$ 的相对较低值。

（2）枯季。规划区附近水域，悬沙分布的"滩高槽低"特征明显，悬沙主要来自于浅滩风浪掀沙影响，总体含沙量较低。

枯季，交椅湾浅滩底沙受冬季盛行东北风浪掀扬，加上潮流进退的扰动，在得不到充分泥沙补给的情况下，浅滩处形成的高含沙水流随潮流进退而发生泥沙再迁移，对规划区附近水域悬沙含量有一定影响。总体来看，规划区附近水域表层悬沙分布较为均匀，总体含沙量较低。根据悬沙分布特征可分为以下几个区：①矾石水道以涨潮沟形态伸入交椅湾内部的次级槽道的悬沙低值区，其值一般为 $0.02 \sim 0.04 kg/m^3$；②规划区附近一带的悬沙次低值区，悬沙含量一般为 $0.04 \sim 0.06 kg/m^3$；③交椅湾内浅滩水域，悬沙含量一般为 $0.06 \sim 0.1 kg/m^3$。

综上所述，从悬沙来源来看，影响规划区附近水域的泥沙来源有两处：上游虎门及凫洲水道径流携沙和枯季浅滩风浪掀沙；从悬沙含量看，规划区位于交椅湾南侧湾口的近岸水域，洪季泥沙主要来源于上游虎门及凫洲水道，枯季则以风浪掀沙潮流影响为主，多年计算的悬沙含量年平均值为 $0.08\sim0.1\mathrm{kg/m^3}$。相对于附近其他水域，规划区所在水域属于悬沙含量较高的区域。

2.4 经 济 社 会 特 征

2.4.1 区位优势

由香港西九龙、深圳前海、大铲湾、大空港、东莞长安新区等支撑的珠江三角洲东岸主轴，未来将集聚产业发展高端要素，构建滨海现代都市产业空间形态。随着环珠江河口新区开发和湾区整体崛起，珠江三角洲发展重心南移，大空港地区的区位优势将进一步凸显，成为连接珠江河口东西两岸、沟通香港与内地的中枢节点。既处于广佛肇、深莞惠、珠中江三大城市圈交汇处；又处于珠江三角洲广深港核心发展走廊、东西向发展走廊的交汇处，大空港地区有望成为珠江三角洲新的经济中心。

深圳市海洋新兴产业基地为大空港的半岛区，位于东岸主轴的中部，在加速高端要素流通和汇聚的同时，可以接受广东自贸区南沙、前海蛇口片区的辐射和外溢，在制度创新、科技创新、平台创新方面有所突破，带动珠江三角洲地区高科技产业转型发展。

深圳市海洋新兴产业基地可以充分共享大空港地区立体交通体系优势。该区域拥有宝安国际机场，通过机场码头可与香港机场无缝对接，广深高速、沿江高速、机荷高速、107国道、宝安大道等道路可快速通达大铲湾等西部港区，地铁1号线和建设中的地铁6号线、11号线、深莞穗城际线拉近与深莞都市区的时空距离。未来，随着深圳机场三跑道、深港机场连接线、深中通道、虎门二桥、深茂铁路以及地铁10号线、13号线、东莞R2、R3市际轨道线的规划建设，大空港地区面向珠三角东西两岸的国际交通枢纽优势将进一步强化，可为深圳市海洋新兴产业基地发展提供极其便利的条件。

2.4.2 区域规划

深圳市海洋新兴产业基地为规划大空港的半岛区，是空港新城重要的一部分。《深圳大空港地区综合规划》将海洋新兴产业基地定位为国家未来产业创新基地，规划"建设海洋电子信息产业园、海工装备设计研发中心，引导海洋战略性新兴产业和前瞻性海洋科技产业战略布局，为创建全国海洋经济科学发展示范市作出贡献"。

深圳市海洋新兴产业基地规划总面积为 $7.44\mathrm{km^2}$，主要为落实深圳市作为全国海洋经济科学发展示范市的发展要求。该基地利用优越的滨海自然环境、紧邻空港枢纽的交通条件及地处粤港澳湾区的地理区位，创建深圳市海洋产业示范基地，重点发展海洋新兴产业及服务于粤港澳湾区腹地经济的现代服务业。

海洋新兴产业包括海洋电子信息、新型海工装备研发设计、海洋生物产业及游艇服务业。

2.4.3　深圳市海洋新兴产业基地建设的必要性

1. 抢抓南海大开发机遇，推动深圳市海洋新兴产业发展

党的十八大首度将"建设海洋强国"提升至国家战略高度，提出海洋强国的战略部署，指出要"提高海洋资源开发能力，发展海洋经济，建设海洋强国"。南海资源对我国经济发展具有十分重要的战略意义。从经济效益上看，海洋油气资源开发保障经济持续增长，海洋生物资源开发增进产业发展多样性，海底资源开发丰富和提升旅游形态。

南海资源大开发，一方面通过海上国际航线实现；另一方面通过加快中国东南沿海重点城市的经济建设及新能源开发，大力发展海上石油、矿产、渔业资源、海运船舶的勘探开发实现。这些战略的实施，必然带动海洋装备产业、海洋信息产业和海洋油气服务产业等海洋新兴产业的发展。深圳市海洋新兴产业基地通过发展海洋总部经济、海洋科技产业研发与培育、海洋综合配套服务等多种途径加大利用南海资源的力度，是我国在能源供需形势日益严峻和南海资源争夺日趋激烈的情况下，实施南海开发战略的重要方式之一，在顺应发展趋势、抢抓发展机遇的同时，以切实的行动来维护我国的海洋权益。

2. 促进环珠江河口湾区海洋经济发展与海洋产业转型升级

广东省拥有 4000 多千米的海岸线，海洋经济总产值连续 20 年位居全国之首。区位上，广东省面向南海，毗邻港澳，是我国大陆与东南亚、中东，以及大洋洲、非洲、欧洲海上航线最近的地区。丰富的海洋资源和巨大的发展潜力，使海洋成为广东省经济社会发展的必然选择，海洋产业成为广东省海洋经济发展的重要动力。

2011 年，经国务院批准，广东省成为海洋经济综合试验区。2012 年，广东省政府正式发布《广东省海洋经济发展"十二五"规划》，提出"十二五"期间广东省将进一步优化海洋主体功能区域布局，着力构建海洋经济新格局。2012 年，广东省发布了《广东海洋经济地图》[10]，提出了"湾区计划"，将广东省沿海区域划分为"六湾区一半岛"，即大汕头湾区、大红海湾区、环大亚湾湾区、环珠江河口湾区、大广海湾区、大海陵湾区及雷州半岛。深圳市处于

其中的环珠江河口湾区，是六湾区一半岛中最具活力、最具实力、最具发展潜力的地域。

深圳市海洋新兴产业基地位于深圳市西部，深圳市西部地区不仅有华南地区集装箱枢纽港的港口作为依托，也有前海深港现代服务业合作区和深圳市海洋石油开采装备制造基地等海洋战略性新兴产业的产业基础，从区位优势、产业条件和自然条件来看，深圳市海洋新兴产业基地的建设都具备充足的发展潜力。基地的建设，有助于使深圳市西部的海洋产业形成产业集群，将成为环珠江河口湾区发展海洋经济最重要的一环，进一步增强海洋经济发展的辐射带动作用，使海洋经济成为广东省东西两翼地区协调发展的新抓手，协助解决广东省区域经济发展不平衡的问题，促进全省产业转型升级。

3. 积极响应深圳市"发展湾区经济"重大举措，服务国家"一带一路"倡议

2014 年，深圳市按照习近平总书记"广东要主动作为"的指示，市两会首提聚焦"湾区经济"，发挥粤港澳独特优势，打造粤港澳大湾区，借助湾区经济将深圳市打造为"21 世纪海上丝绸之路"的枢纽城市，更好地服务国家"一带一路"倡议。

粤港澳地处海上丝绸之路战略要冲，作为我国距离南海最近的经济发达区域，海洋经济总规模达 1.23 万亿元，连续 20 年位居全国首位。海洋电子信息业发达，是我国三大海洋工程装备制造业集聚区之一，也是国家重要的海洋科研技术经济平台。

深圳市也发展成为一座现代化国际化大都市，2014 年经济总量约为 2600 亿美元，名列世界城市前 25 位。打造粤港澳大湾区，有利于提升区域增长极辐射带动能力，促进环南海经济圈发展。

打造粤港澳大湾区，将深圳市建设为一流湾区城市，深圳市政府提出一系列举措。其中着力培育海洋经济等未来产业来提升湾区经济综合实力，布局一批重大科技基础设施等以加快建设国际创新中心，构建海港、空港、信息港"三港联动"优势，打造服务南海开发的战略基地和海洋科研的创新基地。深圳市地处中国南部海滨，与东南亚国家隔海相望，是中国大陆距离东南亚最近的发达城市。深圳市海洋新兴产业基地的建设，一是有助于深化与海上丝绸之路沿线国家海洋经济合作；二是有助于加强与海西经济区、北部湾地区、海南国际旅游岛等区域的合作，不断培育壮大海洋新兴产业、集约发展高端临海产业；三是可建设国家级南海开发和深海研究公共技术平台，促进海洋科技发展；四是通过重点发展壮大深海工程装备、大中型船舶、专用飞机等大型海洋

工程装备的研发、制造、维修能力，为南海开发提供专业化服务。

4. 承接广东自贸区产业外溢，打造海洋新兴产业发展服务平台

随着广东自贸区获批，位于南沙与前海蛇口片区之间的海洋新兴产业基地将优先承接自贸区带来的外溢效应。《中国（广东）自由贸易试验区总体方案》提出：广州南沙新区片区重点发展航运物流、特色金融、国际商贸、高端制造等产业，建设以生产性服务业为主导的现代产业新高地和具有世界先进水平的综合服务枢纽；深圳前海蛇口片区重点发展金融、现代物流、信息服务、科技服务等战略性新兴服务业，建设我国金融业对外开放试验示范窗口、世界服务贸易重要基地和国际性枢纽港。

深圳市海洋新兴产业基地可有效利用自贸区形成的国际化、市场化、法治化营商环境和金融、贸易、航运服务等产业先行优势，依托粤港澳大湾区，强化区域深度合作与融合，积极开展海洋新兴产业研发合作，共同打造海上丝绸之路的金融创新中心、现代物流枢纽、专业服务基地和海洋新兴产业发展服务平台。

5. 解决深圳市西部产业转型升级，打造海洋产业深圳质量

深圳市西部地区是深圳市先发地区，城市功能和主导产业在适应当时国际市场代工制造发展需求的同时，也较早地出现了转型升级和二次开发的现实问题。大空港地区及周边的产业结构以工业为主导，金融保险、科技研发等发展比较滞后。面对一系列的升级转型问题，深圳市"十二五"规划将"深圳质量"作为加快转变经济发展方式的核心理念，依照"主攻西部、拓展东部、中心极化、前海突破"的策略，加快西部填海工程，并将大空港地区作为战略规划区的第二位。

深圳市海洋新兴产业基地可以积极争取一系列国家海洋重点项目落地，打造国家级海洋产业园区，并开展一系列海洋领域制度创新和先行先试，提高单位岸线、用海面积的投资效益。海洋新兴产业基地的建设，可突出区域特色，挖掘土地潜力，注入发展动力，通过延伸拓展前海深港现代服务业合作区的政策与功能优势，改善城市资源环境约束，与前海蛇口片区、宝安中心区、深圳机场及所在的大空港地区共同形成贯穿南北的滨海经济走廊。

6. 将施工弃土与围填紧密结合，实现资源的循环利用

随着经济与城市的进一步发展，深圳市面临着人口、土地、资源和环境"四个难以为继"的困境，成为面临空间资源硬约束的特大城市。根据深圳市规划和国土资源委员会公示的《深圳市土地利用总体规划（2006—2020年）》[11]草案透露，目前深圳市未利用的土地只有 4360hm²，仅占全市总面积

的 2.23%。从开发强度来看，目前深圳市的土地开发强度已经超过了香港，达到了 47%。深圳市由于地形构造复杂、山地多，可建设用地几乎消耗殆尽，也没有腹地可供扩张。因此，无论从可供开发的土地的绝对量，还是对现有土地的利用率、开发强度来看，土地资源已经成为制约其经济发展的主要瓶颈。但深圳市海岸线长，填海造地成为解决土地资源问题的优选项。

深圳市近期开展的地铁、城市更新等大型市政工程将产生大量的城市弃土，而目前深圳市土地资源紧张，无填埋场可以利用，余泥渣土面临无处可弃的境地，非常希望能在填海区寻求解决方案。将施工弃土与围填工程紧密结合，可以较好地实现资源的循环利用，降低围填成本，解决余泥渣土受纳的问题。

2.5　现有滩涂控制性规划

1.《珠江河口综合治理规划》[12]（水利部珠江水利委员会，2010 年 10 月，国务院批准）（现状水平年为 2006 年，规划水平年为 2020 年）

《珠江河口综合治理规划》制定了珠江河口八大口门及伶仃洋、黄茅海两个河口湾的规划治导线。规划治导线是河口水系总体布局控制线，是河口整治与开发工程建设的外缘控制线，是河口整治与管理的基本依据。虎门水道以外的内伶仃洋，东、西治导线采用河口湾大喇叭状布置方案，东治导线沿伶仃洋东滩边缘布置，控制东滩的开发活动对伶仃洋深槽的影响。东治导线考虑港口码头外伸，自东莞交椅湾的沙角起，向南延伸至大铲湾的棚头咀，基本沿 −5.0m 等高线布设。西治导线从凫洲水道出口南岸直线与龙穴岛连接，龙穴岛以下连接至孖沙尾部，基本沿 −3.0m 等高线下延，与蕉门、洪奇门治导线出口相衔接后弯向西南至淇澳岛东侧。本规划所在区域位于深圳大空港地区的西北部海滨区，其西面受伶仃洋东治导线控制。

伶仃洋东滩水域可利用滩涂面积为 6567hm²。茅洲河河口经机场至棚头咀可利用滩涂面积为 3756hm²，规划为开发利用区，围外滩涂可形成红树林生态系统自然保护区，其余 2811hm² 的滩涂规划为保留区。

2.《广东省珠江河口滩涂保护与开发利用规划》[13]（广东省水利厅，2012 年，广东省人民政府批复）（规划基准年为 2007 年，规划水平年为 2020 年）

《广东省珠江河口滩涂保护与开发利用规划》对珠江河口滩涂功能进行了划分，将珠江河口滩涂划分为自然保护区、开发利用区、控制利用区、保留区等四个一级功能区，其中开发利用区又划分为港口区、工业和城镇建设区、景观旅游区、养殖区、农垦区等五个二级分区。

2.6　滩涂开发利用面临的形势

（1）占用保留区，涉及功能区调整。根据深圳市海洋新兴产业基地经济社会发展需求，本规划占用《珠江河口综合治理规划》中的保留区，涉及功能区调整，需从必要性、可行性等方面论证调整的可能性。

（2）占用茅洲河河槽，涉及茅洲河河口泄洪整治。目前茅洲河河口现状河槽紧靠深圳侧，规划可能占用茅洲河部分现状河槽。规划实施因占用茅洲河河槽对茅洲河行洪影响较大，需在规划实施前开展茅洲河河口泄洪整治研究，并将茅洲河河口泄洪整治作为规划实施的前置条件。

（3）与已有滩涂规划的协调。目前该区域滩涂方面的控制性规划有《珠江河口综合治理规划》《广东省珠江河口滩涂保护与开发利用规划》，本规划需考虑与已有滩涂规划的协调。

（4）泄洪纳潮。滩涂开发利用将减小纳潮容量，特别是规划区位于茅洲河落潮流与伶仃洋涨潮流交汇区附近，水流条件复杂，本滩涂开发利用中需考虑对泄洪纳潮的影响。

第 **3** 章

滩涂演变与资源量分析

3.1 滩涂演变情况

3.1.1 历史演变概况

　　伶仃洋目前两槽三滩的格局是近百年来形成的。早在 1883 年伶仃洋两槽三滩的雏形就已显现，只是当时的滩地高程及其范围均较小，特别是中滩范围更小，拦江沙和矾石浅滩不相连。至 1907 年万顷沙向南延伸，蕉门北汊主槽开始形成，西滩和矾石浅滩迅速扩大，矾石浅滩与内伶仃岛浅滩归并形成中滩雏形，西滩的扩大挤压主流东移，导致中滩的拦江沙和矾石浅滩间缺口扩大，出现一条所谓的中槽，伶仃洋两槽三滩格局初步形成。1907 年以后，矾石浅滩与拦江沙连接起来，矾石浅滩逐渐淤长，以后浅滩仍继续向东、向南扩大。这主要归因于中滩西侧的伶仃水道强大的潮流动力，限制了中滩的向西发展。至 1974 年，中槽淤塞，西滩和矾石浅滩继续向东、向南扩展，至此，矾石浅滩与拦门沙连接起来，形成现在的中滩，两槽三滩已成形。

　　规划区所在的交椅湾，其历史演变与整个内伶仃洋滩槽变化息息相关。内伶仃洋两槽三滩的分化发展，基本没有对交椅湾内的次级滩槽产生很大的冲淤影响，所在东滩处于淤积和缓的境地。因此，对规划区所在的交椅湾水域来说，以缓慢淤积为主，岸滩变化较为和缓。总体来说，历史河势发展较为均衡、稳定。

3.1.2　伶仃洋近期演变分析

3.1.2.1　岸线变化

岸线边界条件的变化会对周边水沙输移和水动力环境产生深刻影响，从而影响周边水域滩槽的冲淤变化。自 20 世纪 80 年代以来，伶仃洋两岸实施了一系列开发建设工程，在一定程度上改变了伶仃洋河口湾的边界形态。图 3.1-1 显示了遥感监测所获得的 1978—2015 年工程附近内伶仃洋水域岸线的变化情况。因岸线开发而引起的水域围填面积变化对比分析参见表 3.1-1。

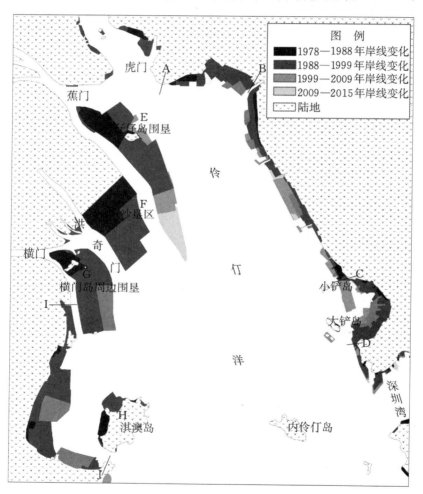

图 3.1-1　1978—2015 年伶仃洋水域岸线变化情况

从岸线围垦开发空间分布来看，1978—2015 年伶仃洋西岸的岸线开发规模明显大于伶仃洋东岸。

西岸的万顷沙垦区（F 区）、鸡抱沙—孖仔岛（E 区）及横门南支—金星门（I—J 区）在 1978—2015 年岸线围垦面积均在 34km² 以上；东岸岸线变化

区　　域	1978—1988 年	1988—1999 年	1999—2009 年	2009—2015 年	总计
交椅湾围垦区（A—B 区）	3.08	14.11	3.73	0.00	20.92
伶仃洋东岸围垦区（B—C 区）	1.03	6.42	8.03	1.60	17.08
大铲湾围垦区（C—D 区）	0.79	10.31	8.22	0.27	19.59
鸡抱沙—孖仔岛围垦区（E 区）	10.63	23.77	7.32	0.00	41.72
万顷沙垦区围垦区（F 区）	17.77	19.25	0.00	8.01	45.03
横门岛周边围垦区（G 区）	4.96	22.18	7.06	0.00	34.20
淇澳岛围垦区（H 区）	2.58	3.60	0.00	0.00	6.18
横门南支—金星门围垦区（I—J 区）	1.61	25.83	11.41	0.00	38.85
总计	42.45	125.47	45.77	9.88	223.57

表 3.1－1　　　　　伶仃洋水域岸线围垦面积变化对比分析情况　　　　单位：km²

开发强度的空间分布较为均匀，其中包括本规划在内的交椅湾围垦区（A—B 区）在 1978—2015 年围垦面积为 20.92km²，开发强度最大。从岸线围垦开发的时间分布来看，1988—1999 年开发强度最大，围垦面积达 125.47km²；1978—1988 年与 1999—2009 年基本持平；2009—2015 年开发强度最小，围垦面积只有 9.88km²。伶仃洋西部岸线的开发在局部改变了河岸形态，表现为：塑造了蕉门、横门两个"一主一支"的河道格局；伶仃洋西部三口门前沿南移，直接造成伶仃洋西部口门下泄动力下移。

相较西岸，伶仃洋东岸滩涂资源较少，岸线较顺直，其岸线利用开发以向海推进为主，尤其在大铲湾港的建设后大铲湾岸线边界由凹变平，东岸整体岸线变得更为顺直。本规划所在的交椅湾区，因电厂建设、鱼塘围填等开发，岸线变化也较明显，1978—2015 年交椅湾共围垦 20.92km²，占交椅湾总面积的 51.46%，岸线呈整体向外扩展之势。交椅湾围垦主要发生在 1978—2009 年，其中 1988—1999 年围垦强度最大，岸线向外推进最远处约 1450m。

总体来说，自 20 世纪 80 年代以后，伶仃洋水域附近岸线、浅滩资源的开发利用强度比以往有所增加，伶仃洋湾口平面形态从下至上由宽阔水域逐渐向喇叭状转变，1978—2015 年内伶仃洋水域面积共减少了 17%。岸线的变化既有利于伶仃洋西岸各口门水沙下泄，也有利于伶仃洋东部的涨、落潮动力沿东部顺直岸线上下输移。规划的实施将造成局部岸线进一步向外推移，同时占用茅洲河河口部分深槽，对交椅湾附近涨、落潮流产生一定影响。

3.1.2.2　冲淤变化

本节主要根据收集到的伶仃洋及规划区附近水域 1977 年、1985 年、1999

年、2005 年、2011 年等年度的实测海图或地形图，将其数字化并建立规划区附近水域的数字高程模型（DEM），统计分析冲淤量、冲淤厚度、淤积率等的变化，同时结合等值线的平面变化，分析规划区滩槽冲淤演变特征。1977 年以来，伶仃洋水域主要呈现以下演变特征：

（1）西部浅滩向东、向南扩展速度逐渐减缓；万顷沙尾间浅滩区逐渐发育新的东向汊槽。内部滩槽分化较为复杂，1999 年之前，西滩次级槽道呈冲刷状态，速率为 0.05～0.1m/a，浅滩淤积速率为 0.025～0.1m/a。

1977—1999 年，内伶仃洋西部浅滩——孖沙尾间浅滩、万顷沙尾间浅滩和横门浅滩以向东、东南发展为主；1999 年以后，随着伶仃洋西槽的浚深，受伶仃洋西槽强大涨、落潮动力的影响，其横向发展逐步趋缓，西滩-5m 等高线向东扩展基本停止。此外，由于西部口门前延，加强了口门泄洪汊槽的冲刷力，因此，在 1985—2011 年万顷沙尾间浅滩逐渐发育新的东向汊槽。

从冲淤速率变化来看，内部滩槽分化较为复杂，1999 年之前，次级槽道呈冲刷状态，速率为 0.05～0.1m/a；浅滩呈淤积状态，淤积速率为 0.025～0.1m/a。1999—2011 年，孖沙尾间浅滩及横门尾间浅滩仍呈淤积状态，但速率显著减小，淤积速率为 0.01m/a；万顷沙浅滩由淤转冲，速率为 0.02m/a。

（2）中滩总体上继续淤长，中滩中上部受冲刷形成一个新的-7m 以深深槽（中槽），上段拦江沙被重新分离。1977 年以来，中滩北部保持持续淤积状态，淤积速率在 0.01m/a 左右。

（3）东滩平面上变化不大，交椅湾前沿南北向涨潮沟向北扩展，但发展缓慢。规划区所在交椅湾浅滩，近期呈弱淤积状态，交椅湾以下浅滩保持相对平衡状态。

自 1977 年以来，东滩附近-3m 等高线略向海推进，-5m 等高线局部略有后退。总体来看，-3m、-5m 等高线平面变化不大，浅滩发展相对稳定。从冲淤速率变化来看，交椅湾淤积速率为 0.01m/a，交椅湾以南浅滩 1977—1985 年有冲有淤，冲淤幅度为±0.025m/a，浅滩保持相对平衡状态；1985—1999 年，浅滩以微冲为主，冲刷幅度均小于 0.05m/a；1999 年之后，浅滩整体以淤积为主，淤积速率为 0.025～0.1m/a。

（4）西槽位置基本稳定，槽宽向两侧扩展，-10m 等高线全线贯通，与自 1984 年以来西航道的拓宽浚深有关。川鼻深槽向东南延伸。

1977 年以来，西槽以冲刷为主。1977—1985 年，普遍年冲刷速率在 0.05m/a 左右，局部大于 0.1m/a；1985—1999 年，西槽全线出现明显下切，年冲刷速率在 0.025m/a 以上；1999—2011 年，受航道开挖、兴建码头等工程影响，航道深槽出现明显下切，年冲刷率在 0.3m/a 以上，而边槽有冲有淤。

川鼻水道水深变化极大，1977—1999 年出现明显下切，大部分加深 5m 以上；1999—2011 年，在前期挖深槽道区出现明显回淤，回淤速率达 0.1～0.3m/a，局部超过 0.3m/a，而近凫洲水道出口一侧出现急剧下切，下切速率达 0.3m/a 以上。

（5）东槽在 1999 年后平面上无大变化，受挖砂、航道开挖的影响，垂向上下切明显。

1977—1985 年，东槽上段淤积，淤积速率为 0.05～0.1m/a，其余区域冲刷，冲刷速率在 0.025m/a 以上。1985—2005 年，东槽上段呈冲刷状态，冲刷速率为 0.025～0.05m/a，局部大于 0.05m/a，但大铲岛附近略有淤积。2005—2011 年，东槽局部因挖砂工程出现明显下切，下切深度为 4.51～7.50m；东槽中上段除挖深区外均处于淤积状态，淤积速率为 0.09～0.19m/a；东槽下段（大铲岛—蛇口附近）槽道下切，下切速率在 0.3m/a 以上。近年来，东槽的演变受挖砂、航道、港口建设等系列活动影响明显。

3.1.3 茅洲河河口近期演变

1977 年以来，规划区附近水域滩槽平面格局和冲淤变化主要呈现如下特征：

（1）茅洲河河口深槽南北两侧浅滩不断淤积向湾外推进，北侧浅滩淤积强度大于南侧，湾内大于湾外。

交椅湾附近水域－1m 等高线演变情况如图 3.1－2 所示，茅洲河河口左右两侧浅滩而言，－1m 等高线不断向外水域推进。1984—2011 年，交椅湾北部浅滩－1m 等高线平均向湾外推进约 800m，南部浅滩－1m 等高线平均向外推进约 350m。

从断面变化来看（图 3.1－3），1977—1984 年，断面 a 整体淤浅约 0.5m，靠外水域的断面 c 整体冲刷下切，断面 b 有冲有淤，整体呈微冲状态；1984—2000 年，断面 a 整体下切约 0.3m，形成 3m 以深深槽，断面 b 深槽处冲刷下切约 1.5m，断面 c 变化不大，整体以冲刷为主；2000—2011 年，断面 a 浅滩淤浅约 0.6m，深槽微冲，断面 b 深槽两岸浅滩明显淤浅，深槽稍有淤积，断面 c 整体淤浅约 0.5m，整体呈淤积状态。

（2）茅洲河尾闾段右岸浅滩与河口外交椅湾浅滩相连，并不断向西南淤积，压迫出口深槽变窄，造成局部淤积，给上游泄洪带来不利影响。

由－1m 等高线变化可以看出，1984 年茅洲河尾闾段右岸出现－1m 以浅浅滩，并与河口外交椅湾浅滩相连，出口浅滩不断向南淤积，形成口外拦门

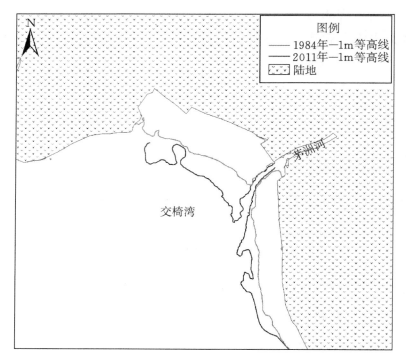

图 3.1－2　交椅湾附近水域－1m 等高线演变情况

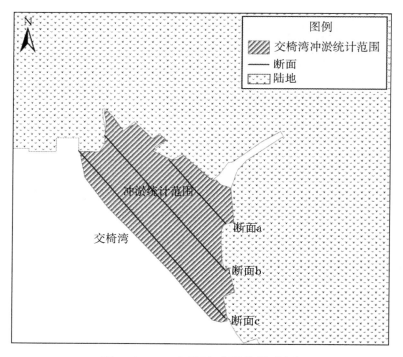

图 3.1－3　交椅湾冲淤统计范围

沙，使得深槽显著变窄。从冲淤速率分布来看，出口处浅滩是整个交椅湾淤积强度最大的区域，1977—1984 年淤积速率在 0.1m/a 以上，1984 年后的淤积速率在 0.05m/a，始终保持在较高的淤积强度。茅洲河河口处浅滩不断淤积使得槽道深泓向南偏移，与上游河道走向形成较大交角，落潮流流路不顺，给上游泄洪带来不利影响。

（3）茅洲河河口深槽不断向西南延伸，上游段向西侧摆动，下游出口段有向南偏移的趋势，宽度有一定缩窄。

茅洲河河口深槽主要表现为沿西南向不断向外水域延伸，向南有所偏移。1984—2011 年，−1m 深槽向外水域延伸约 1700m，并向南偏移约 30°。从断面 a 和断面 b 的变化来看，深槽自 1984 年以来加深约 1.5m。

茅洲河河口深槽上游段向西侧摆动，主要由出口左岸的滩涂围垦造成。1978 年以来，规划区附近共计围垦约 11.7km²，近岸的围垦对茅洲河河口下泄流产生挑流作用，迫使落潮流向西偏移，主槽位置随之向西摆动。下游出口段不断向南偏移，与虎门的落潮流及深槽北侧浅滩不断的淤积作用密切相关：随着−3m 深槽逐渐伸出湾外，茅洲河落潮主流受虎门落潮流的压制，主流流向由西南转为西南偏南向，下游出口段深槽会随之向南偏移；深槽不断向南偏移还与其北侧浅滩不断淤积有关。

（4）规划区附近水域主要表现为滩淤槽冲的特征，2000 年之前以轻微冲刷为主，2000 年之后呈淤积态势。

根据 1977—2011 年数字高程模型（DEM），对如图 3.1−3 所示区域进行冲淤特征统计，规划区附近交椅湾的冲淤变化情况见表 3.1−2。

表 3.1−2 　　　　　　　　　规划区附近交椅湾的冲淤变化情况

时段	1977—1984 年	1984—2000 年	2000—2011 年
冲淤量/万 m³	−35.350	−124.420	871.640
水深变化/m	−0.021	−0.075	0.522
冲淤速率/(m/a)	−0.003	−0.004	0.043

1977—1984 年，规划区附近水域整体呈轻微冲刷状态，平均冲刷约 0.02m，冲刷速率为 0.003m/a；1984—2000 年仍保持冲刷状态，且强度有所增加，速率为 0.004m/a；2000 年之后由冲转淤，淤积速率为 0.043m/a。从空间分布来看，滩淤槽冲特征明显，深槽两侧浅滩近期淤积速率约为 0.05m/a，规划区范围内浅滩淤积速率为 0.1m/a，深槽冲刷速率为 −0.03m/a 左右。

规划区附近水域的冲淤特征与周边的水沙输移特征密切相关。由遥感悬沙分布特征可知，规划区附近浅滩受西部口门特别是凫洲水道下泄水沙扩散影响较大。2000 年之前，由于西侧蕉门附近的围垦尚未完成，凫洲水道下泄水沙对交椅湾的影响有限，同时交椅湾附近以潮流作用为主，泥沙来源不足，基本保持微冲的态势；2000 年之后，随着岸线向东侧的延伸，凫洲水道向东进一步延伸，下泄水沙对交椅湾水域的影响加大，加之周边岸线的向外推移，交椅湾内东部水动力弱化，规划区 2000 年之后以淤积为主。

3.1.4　演变趋势分析

30 多年来，规划区附近水域受口门整治、航道疏浚，以及东岸滩涂围垦、围填建港工程等人为活动影响，其水动力及边界条件均发生了较大变动，致使该水域各浅滩区的冲淤环境发生了较大改变。根据前述的历史和近期规划区附近水域的河床演变情况，以及遥感水沙对滩槽变化影响的分析成果，分析其演变趋势，可以认为，在基本维持伶仃洋两槽三滩格局的控制性前提下，规划区附近水域的滩槽演变出现了一些新的变化趋势：

（1）西部口门边界初步达到了规划治导线的喇叭状形态，虎门潮汐通道动力下移，有效减缓了内伶仃洋特别是东、西两岸浅滩包括交椅湾水域的淤积。西侧口门边界的不断围垦使伶仃洋边界条件发生了重大变化，先前近似梯形的水域，逐渐变成了喇叭状河口形态。喇叭状河口形态是以潮流为主的河口发育的必然结果，其宽度变化应与纳潮量沿程变化相适应。强潮河口宽度沿程变化率大，弱潮河口宽度沿程变化率小。伶仃洋属于弱潮河口，随着喇叭状河口形态的确定，上段虎门川鼻水道宽度窄，水流集中，挟沙力提高，大量泥沙下行，致使经内伶仃岛—淇澳岛一线排入外海的泥沙增多，有利于减少内伶仃洋的淤积量。

（2）西滩面积减小，西槽的不断浚深减缓了西滩东向淤积。西部口门边界初步形成后，西滩受西槽潮流动力影响，其东扩已受阻滞；而其内部受口门前沿槽道延伸影响，出口槽道与进口浅滩形成分化，致使西滩次生槽冲刷而滩地淤积，滩地面积减小。当凫洲水道汇入虎门后，强大的落潮流制约西滩东扩。而枯季西滩风浪掀沙，由于滩地面积减小，进入深槽的含沙水流被西槽下泄流加大了下移率。因此，西槽中、上段深槽自 20 世纪 90 年代后能人为维持在 0.8km 宽左右，即使槽床由于虎门来沙、西滩退潮时的滩面冲刷及风浪掀沙等多种因素影响出现回淤，但通过人工疏浚仍可以维持航深。随着西部口门向东南治导发展，西滩滩面向东淤长空间进一步受到压缩，有利于内伶仃洋滩槽减缓淤积。

（3）西槽浚深，将进一步提高西槽的水沙输移能力。西槽的不断浚深加大了沿程的水沙输移能力。凫洲水道进入虎门后，虎门落潮主流以西南方向进入西槽。以下蕉门南支、洪奇门和横门来水来沙，动力不断增大，进入内伶仃洋湾口外后，大量来沙排入外海。现阶段，西槽在涨、落潮往返作用下淤积有限，基本能保持稳定；而中滩靠近西槽部位冲刷，矾石浅滩继续向东扩展。根据近期遥感流态特征的初步分析，发现从西槽上溯的涨潮主流流路轴线比 20 世纪 80 年代更为顺直，主流影响区平面比以前更宽。伶仃洋西槽浚深后的水沙输移态势对保持伶仃洋滩槽基本稳定的格局有利。

（4）东槽保持稳定，其向交椅湾内部延伸的潮流通道有所发展，规划区附近东滩冲淤变化不大。20 世纪 80 年代之前，东槽涨潮流流势较强，同时受虎门口落潮主流影响小，涨潮主流基本能控制矾石水道上下槽段；但 90 年代后，虎门缩窄后通道落潮流流势集中，在涨潮初期对东槽涨潮流压制作用增强，有利于东槽矾石水道涨潮流前锋深入交椅湾内部，使得东槽深入交椅湾的涨潮流通道有所冲刷发展。虽然东槽周边受人类活动影响，滩槽冲淤发生明显变化，但随着人类活动的减弱，在伶仃洋两槽三滩整体特征未改变的前提下，东槽发展将继续保持平稳。这将有利于东滩长期保持微淤为主但冲淤基本平衡的态势，这也是规划区附近滩槽的主要发展格局。

（5）茅洲河河口深槽主要是茅洲河落潮流冲刷而成，自 20 世纪 80 年代以来，1m 以深主槽不断向西南延伸，同时受到虎门落潮流的压制作用，主槽道向南有所偏移，深槽表现出一定的不稳定性。随着落潮主槽伸出湾外，其受到东槽涨潮流的作用将越来越明显，在东槽涨潮流的作用下，新主槽向湾外进一步延伸的空间不大。

3.2　滩涂资源量分析

3.2.1　滩涂资源量现状

伶仃洋现状滩涂资源量相关数据主要通过对实测水下地形进行量算获得，范围为河口区现状岸线至某一特定等深线。对于各河口口门以上网河区河道范围内的滩涂，考虑这部分浅滩属于泄洪纳潮通道且量较小，暂不予统计。计算结果详见表 3.2－1。伶仃洋 2m 等深线以浅滩涂面积 93.73km²，其中东滩 17.51km²，占 18.7%；伶仃洋 5m 等深线以浅滩涂 575.40km²，其中东滩 93.87km²，占 16.3%；伶仃洋 7m 等深线以浅滩涂 1137.18km²，其中东滩 137.39km²，占 12.1%。

表 3.2-1　　　　　　　伶仃洋 2000—2010 年滩涂资源面积统计表

等深线范围/m		0~1	1~2	2~3	3~4	4~5	5~6	6~7	0~7
滩涂面积/km²	西滩	17.54	57.88	92.29	98.06	144.95	181.63	213.95	806.30
	中滩	0.01	0.79	5.05	25.70	39.26	59.67	63.03	193.51
	东滩	4.63	12.88	24.50	24.00	27.86	28.33	15.19	137.39
	合计	22.18	71.55	121.84	147.76	212.07	269.63	292.17	1137.20

注　等深线采用珠江基面。

3.2.2　滩涂资源量变化

20 世纪 70 年代以来，伶仃洋滩涂资源变化情况见表 3.2-2～表 3.2-4。伶仃洋滩涂资源量除中滩以外均呈减小趋势。伶仃洋滩涂资源量，从 20 世纪 70 年代的 1526.99km² 减少至 2000—2010 年的 1137.18km²，共计减少 389.81km²。

表 3.2-2　　　　　　伶仃洋 1970—1980 年滩涂资源面积统计表

等深线范围/m		0~1	1~2	2~3	3~4	4~5	5~6	6~7	0~7
滩涂面积/km²	西滩	117.71	237.89	110.17	74.18	84.38	154.81	284.79	1063.92
	中滩	7.46	2.40	2.86	5.19	9.66	39.50	132.39	199.46
	东滩	55.29	46.44	34.98	42.62	35.26	30.70	18.33	263.62
	合计	180.46	286.73	148.01	121.99	129.3	225.01	435.51	1527.01

注　等深线采用珠江基面。

表 3.2-3　　　　　　伶仃洋 1980—1990 年滩涂资源面积统计表

等深线范围/m		0~1	1~2	2~3	3~4	4~5	5~6	6~7	0~7
滩涂面积/km²	西滩	88.12	170.08	112.82	93.17	99.16	134.21	260.16	957.72
	中滩	1.24	1.46	3.31	5.86	14.28	72.55	103.49	202.19
	东滩	37.69	30.06	20.76	23.25	27.00	29.03	15.50	183.29
	合计	127.05	201.6	136.89	122.28	140.44	235.79	379.15	1343.20

注　等深线采用珠江基面。

表 3.2-4　　　　　　伶仃洋 1990—2000 年滩涂资源面积统计表

等深线范围/m		0~1	1~2	2~3	3~4	4~5	5~6	6~7	0~7
滩涂面积/km²	西滩	18.42	96.17	99.87	82.12	160.32	197.52	186.59	841.01
	中滩	2.67	7.43	12.90	26.31	41.81	67.42	70.07	228.61
	东滩	6.04	17.86	28.79	27.95	28.99	28.14	21.51	159.28
	合计	27.13	121.46	141.56	136.38	231.12	293.08	278.17	1228.90

注　等深线采用珠江基面。

从伶仃洋各分区滩涂资源量占比来看，在总量减少的前提下，各年代占比变化不大（表 3.2-5），说明在伶仃洋滩涂资源开发利用方面的一致性：即伶仃洋沿岸各地区均有对滩涂资源的强烈占有和开发冲动，在滩涂资源初步具备开发利用条件时，将会适时甚至超前超量付诸开发实践。

表 3.2-5 伶仃洋各分区滩涂资源量比例分布表

时间		1970—1980 年	1980—1990 年	1990—2000 年	2000—2010 年
滩涂资源量比例/%	西滩	69.67	71.30	68.44	70.90
	中滩	13.07	15.05	18.60	17.02
	东滩	17.26	13.65	12.96	12.08
	合计	100.00	100.00	100.00	100.00

3.2.3 滩涂资源量预测

珠江河口滩涂资源的减少主要由围垦引起，因此，为剔除围垦对滩涂资源变化的影响，将各年代岸线统一至现状岸线，进行历年滩涂面积的对比分析，使得分析结果更接近于自然状况下滩涂资源的变化。考虑到滩涂主要是指潮间带范围，即 0～1m 等深线（理论基面）以浅部分，因此本次预测主要考虑 −5m 等高线以浅的滩涂水域。

首先，统计出岸线边界条件下河口各滩区不同年代的滩涂变化速率，结合同期来沙量确定未来各滩区较合理的面积变化速率；然后根据不同时期来沙情况及河口区现状冲淤变化情况，给各时期滩涂面积变化速率以不同权重系数，最终确定滩涂变化速率值。

20 世纪 80 年代以前，河口区冲淤分析基本可反映上游来沙情况；20 世纪 80 年代以后，由于人为因素影响，河口冲淤已不能反映来沙情况。2000 年以后，河口区平均来沙量减少较多，预计泥沙减少将维持相当长的一段时间。同时不同年代间滩涂面积变化速率变化较大，因此以 70 年代至现状的面积变化速率为基数，结合不同时间段的面积变化速率确定伶仃洋东滩的最终面积变化速率值。伶仃洋东滩估算结果见表 3.2-6。

表 3.2-6 伶仃洋东滩面积变化速率预测表

时间	1970—1980 年	1980—2000 年	2000—2010 年	1970—2010 年	预测速率
变化量/km²	−9.61	10.88	8.23	9.50	0.40
速率/（km²/a）	−1.20	0.64	0.75	0.28	

伶仃洋东滩 2020 年和 2030 年 −5m 等高线以浅的滩涂预测面积分别为

97.87km² 和 101.87km²，总的预测结果参见表 3.2 - 7。在假定伶仃洋保持近 30 余年的平均水沙状态，并加强保护的前提条件下，伶仃洋东滩近岸高滩水域（大部分在－2m 以浅），大部分呈冲淤基本平衡的状态，局部甚至出现侵蚀，说明高滩的潜在淤长速率受到了明显制约，因此，未来滩涂主要潜在生长区分布于－2～－7m 等高线现状水域。

表 3.2 - 7   2020 年、2030 年伶仃洋东滩－5m 等高线以浅滩涂资源量预测成果

时　　间	滩涂资源量/km²
2010 年	93.87
2020 年	97.87
2030 年	101.87
2030 年比 2010 年增加量	8.00

第 **4** 章

滩涂开发利用规划方案拟定

4.1 规划指导思想与基本原则

4.1.1 指导思想

滩涂开发利用规划，就是在合理科学利用滩涂的同时，保障河口泄洪、纳潮、排涝和航运等的安全。结合深圳市及深圳市海洋新兴产业基地经济社会发展需要，正确处理好经济发展、滩涂资源开发与环境保护的关系，河口治理与滩涂开发并重，在满足和保障河口泄洪安全的前提下，加强资源环境保护，合理有序地开发利用滩涂，实现经济社会与资源环境的可持续发展。

4.1.2 基本原则

（1）遵循河口演变规律，坚持科学治水。因地制宜，因势利导，确保河口泄洪纳潮通畅和滩涂资源的合理科学利用。

（2）坚持人水和谐、协调发展。注重资源的保护，在保护中合理利用，保护与利用相结合。正确处理经济发展与资源、环境的关系。

（3）坚持统筹兼顾、规划协调和有效保护。充分考虑茅洲河河口在深圳市和东莞市中的地位与功能，充分考虑上下游、左右岸、陆域与水域及各水域间的有机联系，与防洪排涝规划、土地利用总体规划等衔接，与区域规划、城市规划、海洋功能区划等专业规划相协调。

（4）社会需求与自然资源条件相协调。在遵循河口演变规律的基础上，考虑基地建设的需求，因地制宜地利用滩涂资源，促进社会经济的可持续发展。

4.2　规划范围及水平年

4.2.1　规划范围

深圳市海洋新兴产业基地滩涂利用规划范围为，东至西海堤，西至规划治导线，北至莞深分界线，南至深圳港宝安综合港区一期工程之间（扣除已批复的广深沿江高速外）的滩涂。

考虑到网河区与口门区域水沙运动关系密切，规划的研究范围向上游拓展到西江的马口站、北江的三水站、东江的博罗站、白坭河的老鸦岗站、增江的麒麟咀站、潭江的石咀站，下边界扩大至－30m等高线，包括茅洲河，东江三角洲、西北江三角洲网河区，广州出海水道，潭江水道，伶仃洋浅海区，大亚湾，大鹏湾，香港水域，深圳湾，澳门浅海区，以及磨刀门浅海区。

4.2.2　规划水平年

现状水平年为 2015 年，规划水平年为 2020 年。

4.3　规划目标与任务

4.3.1　规划目标

合理开发利用深圳市海洋新兴产业基地滩涂资源，保障伶仃洋及茅洲河河口河势稳定和防洪安全，维护生态环境，支持经济社会可持续发展。

4.3.2　规划任务

（1）利用遥感等技术手段，开展规划区附近滩涂演变及滩涂资源量分析。

（2）拟定滩涂开发利用方案思路，合理确定滩涂开发利用规划方案，并采用数学模型计算、物理模型试验等多种技术手段，对滩涂开发利用规划方案进行比选，提出推荐的滩涂开发利用总体布局方案。根据规划方案的影响分析成果，结合已有规划，开展茅洲河河口的泄洪整治方案研究。

（3）对滩涂开发利用区的防洪（潮）、排涝工程进行初步规划，保证后方陆域防洪（潮）和排涝安全。

（4）开展规划协调性分析，对规划方案开展环境影响评价，并提出减缓影响的措施。

（5）开展工程投资估算、效益分析及规划实施安排等。

4.4　方 案 拟 定 思 路

（1）保障茅洲河河口的泄洪纳潮。方案拟定过程中必须保障茅洲河河口的泄洪纳潮。根据《广东省珠江河口滩涂保护与开发利用规划》，对茅洲河河口可利用范围进行了研究，并确定了茅洲河河口控制线。方案拟定过程中滩涂开发利用线不能超茅洲河河口控制线。

（2）充分考虑规划区内现有滩涂资源量。根据现状地形分析，规划区滩涂资源量主要集中在−3m以浅浅滩，故方案拟定时尽量在−3m等高线内。

（3）充分考虑已有的滩涂控制性规划。方案拟定时充分考虑《珠江河口综合治理规划》及《广东省珠江河口滩涂保护与开发利用规划》两个规划中的滩涂开发利用控制线。

4.5　规 划 方 案 拟 定

本规划滩涂开发利用方案在不超出茅洲河河口控制线的基础上，考虑现状地形、已有滩涂控制性规划、利于泄洪纳潮等角度拟定了 3 个比选方案。方案 1 是在《广东省珠江河口滩涂保护与开发利用规划》开发利用线的基础上，即规划方案岸线中部凸出最大，上、下段根据地形与起点（广深沿江高速外缘）和终点（深圳港宝安综合港区一期工程）平顺相连。方案 2 是在深圳市海洋新兴产业基地原规划岸线的基础上进行优化，原规划岸线上部内凹，下部较凸出，方案 2 在保证面积不变的情况下，岸线上部向水域延伸，占用茅洲河河口现状部分深槽，岸线下部往陆域方向延伸，保证方案 2 岸线平顺，没有明显凹、凸段。方案 3 原考虑沿现状岸线外缘平顺衔接，但这样方案 3 围填面积与经济社会发展需求面积 7.44km² 相差甚远，考虑到《珠江河口综合治理规划》开发利用岸线位于现状岸线外侧且与经济社会发展需求面积相差较小，故方案 3 拟定时是在《珠江河口综合治理规划》开发利用岸线基础上，与起点（广深沿江高速外缘）和终点（深圳港宝安综合港区一期工程）平顺相连。

深圳市海洋新兴产业基地滩涂利用规划考虑两个区域：一个是广深沿江高速与西海堤之间的滩涂；另一个是广深沿江高速西侧的滩涂。在进行方案比选时，广深沿江高速与西海堤之间的滩涂不进行方案比选，直接划定，控制点坐标参见表 4.5-1，该区域面积为 0.607km²；方案比选主要用于广深沿江高速西侧的滩涂。

表 4.5-1　　　　广深沿江高速与西海堤之间滩涂控制点坐标

序号	X	Y	序号	X	Y
1	2515662.446	38475127.512	27	2511820.252	38475728.505
2	2515583.910	38475166.562	28	2511899.981	38475711.448
3	2515446.537	38475218.957	29	2512170.129	38475651.824
4	2515428.162	38475225.948	30	2512633.167	38475620.560
5	2515331.649	38475253.956	31	2512763.461	38475588.944
6	2515276.745	38475269.904	32	2513567.400	38475497.723
7	2515074.578	38475309.814	33	2513642.071	38475489.251
8	2514938.963	38475321.240	34	2513919.557	38475458.558
9	2514767.947	38475329.613	35	2513970.259	38475453.987
10	2514603.558	38475329.322	36	2514165.688	38475433.465
11	2514297.553	38475323.498	37	2514389.515	38475410.108
12	2514116.677	38475322.867	38	2514610.175	38475385.290
13	2513653.622	38475344.330	39	2514819.504	38475367.646
14	2513396.077	38475369.889	40	2514956.359	38475369.491
15	2513100.703	38475410.799	41	2515155.248	38475359.164
16	2512608.998	38475497.604	42	2515225.638	38475354.740
17	2511979.106	38475609.627	43	2515350.966	38475351.030
18	2511288.071	38475734.549	44	2515357.885	38475352.525
19	2510952.655	38475810.231	45	2515397.800	38475361.149
20	2510588.276	38475916.413	46	2515434.925	38475401.897
21	2510377.014	38475991.124	47	2515451.217	38475409.627
22	2510440.040	38476093.435	48	2515479.582	38475388.101
23	2510517.231	38476066.409	49	2515499.487	38475386.506
24	2510714.157	38475972.181	50	2515626.863	38475391.017
25	2511342.394	38475834.101	51	2515929.581	38475413.840
26	2511418.061	38475818.150	52	2515882.495	38475363.353

　　方案1：在《广东省珠江河口滩涂保护与开发利用规划》开发利用线的基础上，北端从广深沿江高速外缘开始，往西南方向基本沿茅洲河河口右侧－2m等高线，往下基本沿开发利用线，往南基本沿－3.5m等高线直至深圳港宝安综合港区一期工程。方案1外缘控制点坐标见表4.5－2和图4.5－1，方案1围填面积为8.06km²。

表4.5－2　　　　　　　　　　方案1外缘控制点坐标

序号	X	Y	序号	X	Y
A1	2515577.076	38475073.874	A13	2512813.399	38473877.949
A2	2515396.101	38474962.871	A14	2512616.622	38473824.403
A3	2515209.350	38474848.290	A15	2512458.404	38473780.115
A4	2515037.411	38474742.832	A16	2512112.162	38473747.776
A5	2514943.775	38474685.495	A17	2511764.648	38473735.005
A6	2514732.718	38474556.000	A18	2511416.967	38473741.842
A7	2514461.268	38474431.852	A19	2511068.955	38473854.514
A8	2514216.884	38474329.346	A20	2510613.205	38474037.070
A9	2513752.783	38474181.584	A21	2510300.239	38474208.964
A10	2513534.360	38474112.185	A22	2509960.666	38474408.500
A11	2513235.362	38474016.138	A23	2509575.721	38474690.559
A12	2513012.342	38473946.703			

　　方案2：北端从广深沿江高速外缘开始，往西南方向基本沿茅洲河河口右侧－2m等高线，往下基本与－2m等高线相切平顺衔接，往南基本沿－3m等高线直至深圳港宝安综合港区一期工程。方案2外缘控制点坐标见表4.5－3和图4.5－1，方案2围填面积为7.44km²。

　　方案3：在《珠江河口综合治理规划》开发利用岸线的基础上，北端从广深沿江高速外缘开始，往西南方向基本沿茅洲河河口－3m等高线，往下基本沿开发利用岸线，往南基本沿－2.5m等高线直至深圳港宝安综合港区一期工程。方案3外缘控制点坐标见表4.5－4和图4.5－1，方案3围填面积为6.65km²。

表 4.5 - 3　　　　　　　　　　　**方案 2 外缘控制点坐标**

序号	X	Y	序号	X	Y
B1	2515577.076	38475073.874	B13	2512843.530	38473967.337
B2	2515396.101	38474962.871	B14	2512650.434	38473953.285
B3	2515209.350	38474848.290	B15	2512487.772	38473950.186
B4	2515037.411	38474742.832	B16	2512225.395	38473958.163
B5	2514943.775	38474685.495	B17	2512043.325	38473972.697
B6	2514732.718	38474556.000	B18	2511629.795	38474010.418
B7	2514461.268	38474431.852	B19	2510961.905	38474121.867
B8	2514216.884	38474329.346	B20	2510685.636	38474196.301
B9	2513752.786	38474181.582	B21	2510371.984	38474313.034
B10	2513526.386	38474124.129	B22	2509872.078	38474520.491
B11	2513234.984	38474050.214	B23	2509849.137	38474535.125
B12	2513021.160	38473995.946	B24	2509575.721	38474690.559

表 4.5 - 4　　　　　　　　　　　**方案 3 外缘控制点坐标**

序号	X	Y	序号	X	Y
C1	2515577.076	38475073.874	C11	2512575.374	38474166.264
C2	2515396.101	38474962.871	C12	2512234.592	38474160.924
C3	2515209.350	38474848.290	C13	2512044.372	38474165.004
C4	2515037.411	38474742.832	C14	2511538.178	38474202.527
C5	2514943.775	38474685.495	C15	2511230.671	38474247.527
C6	2514629.503	38474583.742	C16	2510886.803	38474310.440
C7	2514235.615	38474450.902	C17	2510357.833	38474447.209
C8	2513535.990	38474289.355	C18	2509961.893	38474562.433
C9	2513224.706	38474226.903	C19	2509575.721	38474690.559
C10	2512972.511	38474194.186			

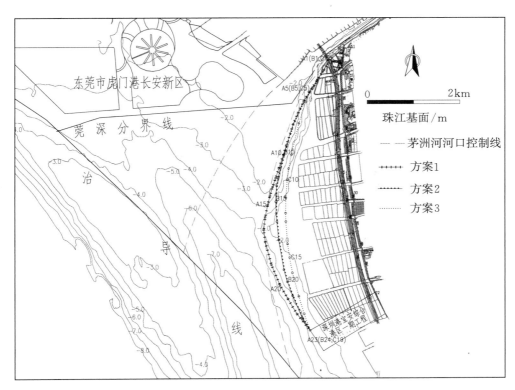

图 4.5-1　海洋新兴产业基地滩涂利用规划比选方案平面布置图

第 **5** 章

规划方案比选主要技术手段

5.1 珠江河口区一、二维联解整体潮流及泥沙数学模型

规划方案比选计算采用珠江河口区伶仃洋水域一、二维联解整体潮流及二维潮流泥沙数学模型相结合的手段。计算内容包括壅水分析计算、冲刷与淤积计算、河势影响计算，由此论证规划方案的水动力变化影响。

5.1.1 模型研究范围

一维数学模型研究范围包括东江三角洲、西北江三角洲网河区，广州水道，潭江水道及茅洲河等，模拟河道长度约 1765km，其中茅洲河上游延至距河口约 15km。

二维数学模型研究范围包括伶仃洋浅海区、大亚湾、大鹏湾、香港水域、深圳湾、澳门浅海区、磨刀门浅海区，模拟水域面积约 6514km²。

模型上边界取自各三角洲控制站：西江的马口站、北江的三水站、白坭河的老鸦岗站、增江的麒麟咀站、东江的博罗站、潭江的石咀水位站，下边界取至外海-30m 等高线；海区西边界自磨刀门三灶珠海机场；东边界至香港水域。

一、二维模型联解点设在虎门的大虎断面、蕉门的南沙断面、洪奇门的冯马庙断面、横门的横门断面、磨刀门的灯笼山站断面，以及茅洲河排涝河口下游约 0.7km 处的河道断面。

5.1.2　一、二维联解整体潮流数学模型

5.1.2.1　网河区一维潮流数学模型

1. 基本方程

网河区一维潮流数学模型采用一维圣维南方程组，方程如下：

连续方程：
$$B\frac{\partial Z}{\partial t} + \frac{\partial Q}{\partial x} = q \qquad (5.1-1)$$

动量方程：
$$\frac{\partial Q}{\partial t} + \frac{\partial}{\partial x}\left(\beta\frac{Q^2}{A}\right) + gA\left(\frac{\partial Z}{\partial x} + S_f\right) + u_l q = 0 \qquad (5.1-2)$$

式中：Z 为断面平均水位，m；Q 为断面流量，m³/s；A 为过水面积，m²；B 为水面宽度，m；x 为距离，m；t 为时间，s；q 为旁侧入流，m³/s，负值表示流出；β 为动量校正系数；g 为重力加速度，m/s²；S_f 为摩阻坡降，采用曼宁公式计算，$S_f = g/C^2$，$C = h^{1/6}/n$；u_l 为单位流程上的侧向出流流速在主流方向的分量。

2. 汊口连接条件

网河区内汊口点是相关支流汇入或流出点，汊口点水流要满足水流连续条件和能量守恒条件：

水流连续条件：
$$\sum_{i=1}^{m} Q_i = 0 \qquad (5.1-3)$$

水位连接条件：
$$Z_{i,j} = Z_{m,n} = \cdots = Z_{l,k} \qquad (5.1-4)$$

式中：Q_i 为汊口节点第 i 条支流流量，m³/s，流入为正，流出为负；$Z_{i,j}$ 表示汊口节点第 i 条支流第 j 号断面的平均水位，m。

3. 计算方法

方程离散采用四点加权 Preissmann 固定网格隐式差分格式，求解时采用已较为成熟的河网三级联解算法。计算中，水位迭代误差取 0.00001m，流量迭代误差取 0.001m³/s。

4. 断面布置

一维模型共布设了 3461 个断面，模拟河道长度约 1765km，模型断面间距 100～2000m 不等。

5. 初始及边界条件

初始条件：$(Z)_{t=0} = Z_0$；$(Q)_{t=0} = Q_0$

边界条件：$(\overset{*}{Z})_\Gamma = Z(t)$；$(Q)_\Gamma = Q(t)$，$\Gamma$ 为边界。

6. 迭代步长

水位计算迭代步长取 0.00001m，流量迭代步长为 0.001m³/s。计算收敛

精度水位控制为 0.001m，流量为 $0.1\text{m}^3/\text{s}$。

7. 内边界

珠江三角洲网河区内水闸众多，但由于大多无观测资料，模型验证中较大的水闸作内边界处理，较小的水闸不予考虑。

8. 建模地形资料

西北江三角洲网河区采用 1999—2005 年河道地形资料；东江三角洲采用 1997 年、2002 年、2004 年测量的河道地形资料；东江干流及北干流采用 2002 年测量的 1∶5000 河道地形资料；茅洲河采用 2011 年测量的河道地形资料。虽然整个珠江三角洲网河区不是采用同步的地形资料，但整个模型不同区域采用的地形资料时间比较接近，所产生的时间、空间上的误差有限，可以用于模型计算。

5.1.2.2　河口区二维潮流数学模型

1. 基本方程

采用贴体正交曲线坐标系下的二维潮流控制方程，并引入通度系数，形式如下：

连续方程：
$$\frac{\partial \theta_c h}{\partial t} + \frac{1}{C_\zeta C_\eta}\left[\frac{\partial(C_\eta \theta_\zeta H u)}{\partial \zeta} + \frac{\partial(C_\zeta \theta_\eta H v)}{\partial \eta}\right] = 0 \qquad (5.1-5)$$

动量方程：

$$\frac{\partial(Hu)}{\partial t} + \frac{1}{C_\zeta C_\eta}\left[\frac{\partial}{\partial \zeta}(C_\eta H^2 u) + \frac{\partial}{\partial \eta}(C_\zeta H v u) + H v u \frac{\partial C_\zeta}{\partial \eta} - H v^2 \frac{\partial C_\eta}{\partial \zeta}\right]$$

$$+ \frac{gu\sqrt{u^2+v^2}}{C^2} + \frac{gH}{C_\zeta}\frac{\partial h}{\partial \zeta} - fvH - f_s \rho_a u \sqrt{u^2+v^2}$$

$$= \frac{1}{C_\zeta C_\eta}\left[\frac{\partial}{\partial \zeta}(C_\eta H\sigma_{\zeta\zeta}) + \frac{\partial}{\partial \eta}(C_\zeta H\sigma_{\zeta\eta}) + H\sigma_{\zeta\eta}\frac{\partial C_\zeta}{\partial \eta} - H\sigma_{\eta\eta}\frac{\partial C_\eta}{\partial \zeta}\right] \qquad (5.1-6)$$

$$\frac{\partial(Hv)}{\partial t} + \frac{1}{C_\zeta C_\eta}\left[\frac{\partial}{\partial \zeta}(C_\eta H u v) + \frac{\partial}{\partial \eta}(C_\zeta H v v) + H u v \frac{\partial C_\eta}{\partial \zeta} - H u^2 \frac{\partial C_\zeta}{\partial \eta}\right]$$

$$+ \frac{gv\sqrt{u^2+v^2}}{C^2} + \frac{gH}{C_\eta}\frac{\partial h}{\partial \eta} + fuH - f_s \rho_a v \sqrt{u^2+v^2}$$

$$= \frac{1}{C_\zeta C_\eta}\left[\frac{\partial}{\partial \zeta}(C_\eta H\sigma_{\zeta\eta}) + \frac{\partial}{\partial \eta}(C_\zeta H\sigma_{\eta\eta}) + H\sigma_{\zeta\eta}\frac{\partial C_\eta}{\partial \zeta} - H\sigma_{\zeta\zeta}\frac{\partial C_\zeta}{\partial \eta}\right] \qquad (5.1-7)$$

式中：θ_c 对应离散单元的面通度，为网格中能够被流体通过的面积（网格面积减去网格中固体或障碍物的面积）与整个网格面积之比，定义在网格中心；θ_ζ、θ_η 分别为对应于离散单元的 ζ、η 方向线通度，为该方向上能够被流体通过的网格长度与该网格总长之比，定义在网格边界上；u、v 为 ζ、η 方向流速分量，m/s；h 为水位，m；H 为水深，m；g 为重力加速度，m/s²；f 为柯氏力系数；f_s 为风阻力系数；ρ_a 为空气密度，kg/m^3。系数 C_ζ、C_η 如下：

$$C_\zeta = \sqrt{x_\zeta^2 + y_\zeta^2}, \quad C_\eta = \sqrt{x_\eta^2 + y_\eta^2}$$

$\sigma_{\zeta\zeta}$、$\sigma_{\eta\eta}$、$\sigma_{\zeta\eta}$、$\sigma_{\eta\zeta}$ 为应力项，其表达式如下：

$$\sigma_{\zeta\zeta} = 2\nu_t\left[\frac{1}{C_\zeta}\frac{\partial u}{\partial \zeta} + \frac{v}{C_\zeta C_\eta}\frac{\partial C_\zeta}{\partial \eta}\right], \quad \sigma_{\eta\eta} = 2\nu_t\left[\frac{1}{C_\eta}\frac{\partial v}{\partial \eta} + \frac{u}{C_\zeta C_\eta}\frac{\partial C_\eta}{\partial \zeta}\right],$$

$$\sigma_{\zeta\eta} = \sigma_{\eta\zeta} = \nu_t\left[\frac{C_\eta}{C_\zeta}\frac{\partial}{\partial \zeta}\left(\frac{v}{C_\eta}\right) + \frac{C_\zeta}{C_\eta}\frac{\partial}{\partial \eta}\left(\frac{u}{C_\zeta}\right)\right]$$

式中：ν_t 为紊动黏性系数，即 $\nu_t = au_*H$。其中，a 为系数；u_* 为摩阻流速，m/s；H 为水深，m。

2. 计算方法

基本方程组采用 ADI 法离散。

3. 网格布置

珠江河口区水域广阔，而且有多个口门汇入，加上水域中存在多个岛屿，水下地形复杂。对于这样一个水域，如果采用传统的矩形网格进行离散，势必造成边界模拟精度不高，计算工作量巨大等缺陷，直接影响模型研究的精度。为此，采用珠江水利科学研究院自行开发的贴体正交曲线网格划分程序对二维模型计算区域剖分，共布置网格 944×807 个，最大网格尺寸约 $290m \times 524m$，最小网格尺寸约 $9m \times 19m$。

4. 建模地形资料

伶仃洋浅海区、狮子洋采用 2011 年实测海图、地形图，规划区附近采用 2016 年 3 月实测地形资料。

5. 动边界的处理

伶仃洋为潮汐河口，湾内有大大小小众多岛屿和浅滩，这些岛屿和浅滩随潮涨潮落而时没时显。为了正确模拟这些岛屿和浅滩在涨、落潮期间淹没及出露的不同状况，模型采用动边界技术对计算水域内岛屿和浅滩进行处理，即将落潮期间出露的区域转化为滩地，同时形成新边界；反之，将涨潮期间淹没的滩地转化成计算水域。

5.1.2.3　一、二维模型联解条件

根据水流连续条件，一、二维模型在联解点上应满足以下条件：

水位条件：
$$Z_1 = Z_2 \tag{5.1-8}$$

流量条件：
$$Q_1 = \int U_\zeta H_\zeta \mathrm{d}\zeta \tag{5.1-9}$$

式中：Z_1 为一维模型在内边界断面上的水位，m；Z_2 为二维模型在内边界上各

节点的平均水位，m；Q_1 为一维模型在一、二维模型连接断面上的流量，m^3/s；U_ζ 为二维模型在一、二维模型连接断面法向上的流速，m/s。

一、二维模型联解思想是，一维模型以流量传递给二维模型，二维模型以水位传递给一维模型。首先将二维模型与一维模型连接的计算段进行消元得到计算段方程作为一维模型边界的控制方程，通过河网非恒定流三级联解即可解出一、二维模型连接断面上的水位及流量，分别回代给一、二维模型即可计算所有各计算点上的物理量。

5.1.2.4　模型率定与验证

一、二维联解模型率定，选取珠江河口近年资料较齐全的 1998 年 6 月大洪水、1999 年 7 月中洪水和 2001 年 2 月枯水共三组，代表大洪水、中洪水、枯水不同水文条件，分别率定河道糙率。

（1）1999 年 7 月中洪水组合，由珠江水利委员会水文局和广东省水文局共同承担在西北江三角洲网河区对河道进行同步水文测验，布设了 64 处测验断面，用于模型糙率的率定。

（2）1998 年 6 月大洪水组合，进一步验证大洪水条件下水闸开启情况。由于 1999 年 7 月中洪水较小，马口站、三水站洪峰流量只是接近均值，且洪水主要来自西江，北江来水很小，测流过程中三角洲网河区中的分洪闸多数不开闸，开闸的分洪也较小；而在设计情况下，洪峰流量较大，水闸需按设计要求分洪，为配合糙率值的率定，选取近年来较大的 1998 年 6 月大洪水（三水站接近 100 年一遇）来辅助验证水闸开启情况，中洪水条件下率定的糙率基本适用，大洪水条件下部分河道糙率需适当微调。

（3）2001 年 2 月枯水组合，是珠江三角洲较大规模的一次枯季水文测验资料，包括大、中、小潮。中洪水条件下率定的糙率基本适用，部分河道糙率需要进行微调。

河口二维数学模型验证主要选取 1998 年 6 月、2003 年 7 月水文实测资料。

一维数学模型率定河道糙率成果见表 5.1-1，潮位、流量等验证成果见表 5.1-2～表 5.1-6。河口二维数学模型潮位、流量验证成果详见表 5.1-7 和图 5.1-2、图 5.1-3。

验证的潮位、潮流量过程与原型资料吻合较好，模型的涨、落潮历时和相位与原型实测资料基本一致，潮位特征值验证误差绝大部分都小于 ±0.10m，模型验证成果误差符合《海岸与河口潮流泥沙模拟技术规程》（JTS/T 231—2—2010）[14] 规定的精度要求。

表 5.1－1　　　　　　　　一维数学模型率定河道糙率成果

河道名称	分段位置	糙率	河道名称	分段位置	糙率
西江干流（马口—甘竹）	上段	0.023	勒流涌		0.028
	中段	0.028	甘竹溪		0.018
	下段	0.029	北江干流（三水—紫洞口）	上段（三水附近）	0.025
西海水道	天河段	0.027		西南闸附近段	0.025
	北街段	0.020		西南闸下—紫洞口段	0.024
	潮莲段	0.022	南沙涌		0.024
海洲水道		0.030	顺德水道	入口段	0.025
磨刀门水道	外海—百顷段	0.020		三多段	0.026
	大敖段	0.019		水藤段	0.027
	竹银—灯笼山上段	0.022		鲤鱼沙段	0.026
	竹银—灯笼山中段	0.018		稔海段	0.022
	竹银—灯笼山下段	0.015		三善滘右段	0.026
石板沙水道		0.022	沙湾水道	上段	0.026
虎跳门水道	百顷—睦洲口段	0.020		中段	0.023
	睦洲口上段	0.016		下段	0.023
	睦洲口下段	0.016	东平水道	紫洞段	0.024
	莲腰段	0.014		澜石段	0.027
	横坑段	0.030		五斗段	0.027
	横山—西炮台段	0.022		大尾角段	0.022
劳劳溪	上段	0.022	吉利涌		0.026
	下段	0.020	潭洲水道	上段	0.026
泥湾门水道		0.018		下段	0.024
赤粉水道		0.017	陈村支涌		0.030
鸡啼门水道		0.017	陈村水道	上段	0.022
虎坑水道	上段	0.025		下段	0.015
	中段	0.020	濠滘口		0.025
	下段	0.020	骝岗涌		0.017
潭江		0.030	西樵涌		0.020
崖门水道		0.018	蕉门水道	上段	0.020
东海水道		0.028		中段	0.016
小榄水道		0.027		下段	0.015
鸡鸦水道	上段	0.020	上横沥		0.023
	中段	0.024	下横沥		0.025
	下段	0.024	李家沙水道		0.025
横门水道		0.022	洪奇沥水道	板沙尾段	0.018
桂洲水道		0.023		大陇滘段	0.020
新沙沥		0.023		冯马庙段	0.015
黄沙沥		0.030	东江	东江北干流	0.020
容桂水道	上段	0.030		东江南支流	0.020
	下段	0.021		东江干流	0.025
顺德支流		0.020		增江	0.025

表 5.1-2 网河区水位验证误差统计表（1999 年 7 月中洪水） 单位：m

序号	验证点	最高潮（水）位			最低潮（水）位		
		实测值	计算值	误差	实测值	计算值	误差
1	博罗站	4.47	4.47	0.00	4.09	4.09	0.00
2	麒麟咀站	4.43	4.38	−0.05	3.47	3.43	−0.04
3	大盛站	1.63	1.65	0.02	−0.91	−0.95	−0.04
4	麻涌站	1.70	1.66	−0.04	−0.96	−0.95	0.01
5	漳澎站	1.51	1.59	0.08	−0.98	−0.95	0.03
6	泗盛围站	1.59	1.57	−0.02	−1.02	−1.09	−0.07
7	老鸦岗站	1.61	1.71	0.10	−0.47	−0.44	0.03
8	黄沙站	1.76	1.87	0.11*	−0.61	−0.62	−0.01
9	浮标厂站	1.79	1.89	0.10	−0.59	−0.62	−0.03
10	中大站	1.80	1.79	−0.01	−0.82	−0.79	0.03
11	黄埔左站	1.66	1.72	0.06	−1.00	−0.94	0.06
12	黄埔右站	1.72	1.72	0.00	−0.95	−0.93	0.02
13	三水站	5.72	5.80	0.08	4.38	4.31	−0.07
14	紫洞站	4.02	4.04	0.02	2.70	2.80	0.10
15	海口水闸	3.50	3.49	−0.01	2.12	2.23	0.11*
16	吉利站	3.56	3.55	−0.01	2.25	2.32	0.07
17	澜石站	2.97	2.99	0.02	1.62	1.70	0.08
18	奇槎水闸	2.50	2.52	0.02	0.85	0.97	0.12*
19	弼教站	2.77	2.67	−0.10	1.44	1.41	−0.03
20	碧江站	2.27	2.23	−0.04	0.92	0.93	0.01
21	三善左站	2.20	2.17	−0.03	0.79	0.86	0.07
22	五斗站	2.12	2.12	0.00	0.03	0.09	0.06
23	沙洛围站	1.95	1.90	−0.05	−0.60	−0.59	0.01
24	均安水闸	2.16	2.09	−0.07	0.05	0.03	−0.02
25	大石站	1.87	1.85	−0.02	−0.70	−0.62	0.08
26	三多站	3.80	3.78	−0.02	2.53	2.56	0.03
27	西海水闸	2.63	2.43	−0.20*	1.40	1.25	−0.15*
28	石仔沙站	3.75	3.78	0.03	2.45	2.55	0.10
29	龙津水闸	3.80	3.74	−0.06	2.51	2.51	0.00
30	人字水船水闸	3.62	3.56	−0.06	2.32	2.35	0.03

续表

序号	验证点	最高潮（水）位			最低潮（水）位		
		实测值	计算值	误差	实测值	计算值	误差
31	水藤（海口）站	3.36	3.28	−0.08	2.09	2.11	0.02
32	歌滘水闸	3.21	3.20	−0.01	1.97	2.04	0.07
33	扶闾水闸	3.14	3.04	−0.10	1.91	1.90	−0.01
34	菊花湾水闸	3.01	3.04	0.03	1.78	1.90	0.12*
35	黄麻涌水闸	2.86	2.74	−0.12*	1.65	1.61	−0.04
36	三洪奇水闸	2.77	2.57	−0.20*	1.54	1.42	−0.12*
37	霞石站	2.45	2.43	−0.02	1.23	1.25	0.02
38	三善右站	2.39	2.35	−0.04	1.13	1.17	0.04
39	三沙口站	1.60	1.61	0.01	−0.87	−0.83	0.04
40	西樵站	2.03	2.01	−0.02	0.57	0.59	0.02
41	鱼窝头站	1.91	1.86	−0.05	0.32	0.24	−0.08
42	亭角站	1.67	1.70	0.03	−0.31	−0.26	0.05
43	邓滘沙站	2.72	2.68	−0.04	1.53	1.50	−0.03
44	勒流站	2.78	2.69	−0.09	1.54	1.49	−0.05
45	众涌水闸	2.68	2.52	−0.16*	1.32	1.25	−0.07
46	新涌水闸	2.49	2.47	−0.02	1.25	1.19	−0.06
47	冲鹤水闸	2.50	2.45	−0.05	1.26	1.16	−0.10
48	安利水闸	2.46	2.40	−0.06	1.15	1.12	−0.03
49	南华站	3.46	3.48	0.02	2.24	2.26	0.02
50	马宁水闸	3.24	3.28	0.04	2.03	2.05	0.02
51	凫洲河水闸	3.31	3.32	0.01	2.12	2.10	−0.02
52	新宁水闸	3.25	3.16	−0.09	1.94	1.94	0.00
53	东海水闸下闸	3.03	2.99	−0.04	1.75	1.78	0.03
54	龙涌水闸	2.93	2.92	−0.01	1.73	1.73	0.00
55	容奇站	2.48	2.43	−0.05	1.26	1.18	−0.08
56	漕渔水闸	2.26	2.27	0.01	0.93	0.92	−0.01
57	桂畔海水闸	2.10	2.15	0.05	0.69	0.74	0.05
58	南头站	2.71	2.74	0.03	1.52	1.58	0.06
59	穗西水闸	2.83	2.60	−0.23	1.65	1.43	−0.22
60	孖沙水闸	2.58	2.51	−0.07	1.35	1.35	0.00

序号	验证点	最高潮（水）位			最低潮（水）位		
		实测值	计算值	误差	实测值	计算值	误差
61	海尾水闸	2.61	2.65	0.04	1.40	1.49	0.09
62	海尾站	2.59	2.65	0.06	1.40	1.49	0.09
63	三围站	2.37	2.31	−0.06	1.11	1.12	0.01
64	板沙尾站	1.99	2.07	0.08	0.56	0.61	0.05
65	眉蕉尾水闸	2.07	2.03	−0.04	0.55	0.57	0.02
66	乌珠站	1.97	1.96	−0.01	0.49	0.53	0.04
67	乌沙水闸	2.32	2.26	−0.06	1.01	1.04	0.03
68	大陇窖站	1.90	1.90	0.00	0.30	0.33	0.03
69	上横站	1.83	1.82	−0.01	0.18	0.19	0.01
70	下横站	1.76	1.76	0.00	0.00	0.00	0.00
71	黄沙沥站	1.86	1.86	0.00	0.27	0.26	−0.01
72	二滘口水闸	2.00	1.98	−0.02	0.55	0.63	0.08
73	小榄站	2.91	2.91	0.00	1.74	1.71	−0.03
74	马口站	6.01	6.12	0.11*	4.58	4.64	0.06
75	五顶岗水闸	5.92	5.97	0.05	4.46	4.50	0.04
76	金洲水闸	5.72	5.73	0.01	4.29	4.30	0.01
77	仓江泵站	4.66	4.63	−0.03	3.33	3.29	−0.04
78	沙坪水闸	3.87	3.89	0.02	2.60	2.62	0.02
79	天河站	3.50	3.44	−0.06	2.28	2.21	−0.07
80	北街站	2.89	2.86	−0.03	1.81	1.68	−0.13*
81	北街水闸	2.87	2.86	−0.01	1.70	1.68	−0.02
82	潮莲站	2.70	2.68	−0.02	1.53	1.51	−0.02
83	南面水闸	3.12	3.11	−0.01	2.00	1.93	−0.07
84	槎滘水闸	2.99	2.94	−0.05	1.84	1.74	−0.10
85	百顷站	2.28	2.25	−0.03	1.09	1.10	0.01
86	睦洲口站	2.10	2.10	0.00	0.86	0.92	0.06
87	睦洲水闸	2.06	2.09	0.03	0.86	0.90	0.04
88	莲腰站	2.06	2.03	−0.03	0.75	0.84	0.09
89	大敖河口水闸	2.37	2.16	−0.21*	1.16	1.02	−0.14*
90	大鳌站	2.19	2.17	−0.02	0.95	0.95	0.00

续表

序号	验证点	最高潮（水）位			最低潮（水）位		
		实测值	计算值	误差	实测值	计算值	误差
91	大敖南水闸	2.01	1.92	−0.09	0.69	0.65	−0.04
92	竹银站	1.56	1.59	0.03	0.19	0.16	−0.03
93	竹排沙站	1.36	1.38	0.02	−0.14	−0.12	0.02
94	竹洲头站	1.69	1.71	0.02	0.27	0.25	−0.02
95	六乡西北站	1.60	1.62	0.02	0.01	−0.07	−0.08
96	卡闸白蕉站	1.43	1.36	−0.07	−0.30	−0.36	−0.06
97	劳劳溪站	1.71	1.69	−0.02	0.06	0.07	0.01
98	横山站	1.66	1.65	−0.01	−0.01	−0.03	−0.02
99	石咀站	1.41	1.43	0.02	−0.90	−0.88	0.02
100	睦洲水闸下游	1.64	1.74	0.10	−0.06	0.23	0.29*
101	虎坑站	1.45	1.44	−0.01	−0.92	−0.80	0.12*
102	市桥站	1.71	1.69	−0.02	−0.32	−0.32	0.00

* 表示误差超过±0.10m。

表 5.1－3 网河区最高（潮）水位验证误差统计表（1998 年 6 月大洪水） 单位：m

验证点	最高（潮）水位	误差	验证点	最高（潮）水位	误差
大盛站	2.19	0.05	勒竹站	3.79	−0.02
老鸦岗站	2.62	0.00	碧江站	3.76	−0.01
浮标厂站	2.49	0.00	大石站	2.46	−0.03
黄埔左站	2.25	0.05	冲鹤水闸	4.26	0.02
三水站	9.65	0.06	安利水闸	4.09	−0.04
紫洞站	7.35	0.05	南华站	5.77	0.01
三多站	6.85	−0.05	凫洲河水闸	5.60	0.02
人字水船水闸	6.52	−0.06	小榄站	4.86	−0.03
水藤（海口）站	6.05	−0.08	马宁水闸	5.54	0.09
歌滘水闸	5.87	0.06	容奇站	3.89	−0.03
黄麻涌水闸	5.2	0.08	桂畔海水闸	3.39	0.02
三洪奇水闸	4.81	0.00	南头站	4.49	−0.06
三善右站	3.89	−0.06	马鞍站	3.75	0.01
三沙口站	1.96	0.01	海尾站	4.16	0.00

续表

验证点	最高（潮）水位	误差	验证点	最高（潮）水位	误差
市桥站	2.4	−0.03	板沙尾站	3.13	−0.02
海口水闸	6.15	0.03	上横站	2.31	−0.04
澜石站	5.89	0.05	下横站	2.17	−0.07
五斗站	3.21	0.05	沙洛围站	2.49	−0.04
马口站	9.43	−0.05	竹排沙站	1.87	0.00
五顶岗水闸	9.35	−0.02	百顷站	3.64	−0.08
金洲水闸	8.94	−0.08	睦洲口站	3.32	0.02
仓江泵站	7.58	0.06	竹洲头站	2.43	0.04
沙坪水闸	6.57	−0.04	白蕉站	1.69	0.06
天河站	5.9	−0.05	横山站	2.11	−0.03
北街站	4.83	−0.04	石咀站	2.14	0.00
大鳌站	3.41	−0.07	三江口站	2.01	0.02
竹银站	2.3	0.04			

表 5.1−4　网河区（潮）水位验证误差统计表（2001 年 2 月枯水）　　单位：m

序号	验证点	最高（潮）水位			最低（潮）水位		
		实测值	计算值	误差	实测值	计算值	误差
1	大盛站	1.67	1.67	0.00	−1.25	−1.43	−0.18*
2	麻涌站	1.65	1.67	0.02	−1.35	−1.43	−0.08
3	漳澎站	1.66	1.65	−0.01	−1.21	−1.45	−0.24*
4	泗盛围站	1.73	1.69	−0.04	−1.37	−1.62	−0.25*
5	老鸦岗站	1.44	1.44	0.00	−0.82	−0.82	0.00
6	浮标厂站	1.63	1.63	0.00	−1.11	−1.16	−0.05
7	黄埔左站	1.71	1.68	−0.03	−1.42	−1.39	0.03
8	大虎站	1.63	1.64	0.01	−1.40	−1.66	−0.26*
9	三水站	1.32	1.32	0.00	−0.17	−0.17	0.00
10	石仔沙站	1.32	1.37	0.05	−0.39	−0.37	0.02
11	三善左站	1.42	1.40	−0.02	−0.68	−0.56	0.12
12	三善右站	1.34	1.37	0.03	−0.62	−0.52	0.10
13	三沙口站	1.65	1.66	0.01	−1.33	−1.46	−0.13*
14	澜石站	1.45	1.41	−0.04	−0.58	−0.60	−0.02

续表

序号	验证点	最高（潮）水位			最低（潮）水位		
		实测值	计算值	误差	实测值	计算值	误差
15	五斗站	1.47	1.60	0.13*	−0.95	−0.99	−0.04
16	沙洛围站	1.68	1.64	−0.04	−0.99	−1.16	−0.17*
17	勒竹站	1.43	1.45	0.02	−0.72	−0.59	0.13*
18	大石站	1.66	1.63	−0.03	−1.21	−1.16	0.05
19	邓滘沙站	1.34	1.43	0.09	−0.55	−0.58	−0.03
20	勒流站	1.31	1.40	0.09	−0.54	−0.53	0.01
21	南华站	1.23	1.18	−0.05	−0.35	−0.34	0.01
22	小榄站	1.25	1.24	−0.01	−0.43	−0.44	−0.01
23	横门站	1.61	1.39	−0.22*	−0.87	−0.88	−0.01
24	容奇站	1.32	1.34	0.02	−0.59	−0.54	0.05
25	海尾站	1.29	1.27	−0.02	−0.54	−0.48	0.06
26	三围站	1.37	1.36	−0.01	−0.63	−0.53	0.10
27	板沙尾站	1.41	1.42	0.01	−0.80	−0.73	0.07
28	乌珠站	1.49	1.45	−0.04	−0.74	−0.72	0.02
29	上横站	1.52	1.51	−0.01	−0.83	−0.79	0.04
30	下横站	1.55	1.57	0.02	−0.86	−0.88	−0.02
31	黄沙沥站	1.46	1.46	0.00	−0.76	−0.77	−0.01
32	冯马庙站	1.54	1.47	−0.07	−0.80	−0.82	−0.02
33	南沙站	1.57	1.59	0.02	−0.99	−0.90	0.09
34	马口站	1.23	1.23	0.00	−0.19	−0.19	0.00
35	天河站	1.17	1.16	−0.01	−0.36	−0.34	0.02
36	北街站	1.16	1.18	0.02	−0.47	−0.41	0.06
37	竹排沙站	1.30	1.31	0.01	−0.87	−0.86	0.01
38	灯笼山右站	1.32	1.33	0.01	−0.96	−0.95	0.01
39	百顷站	1.18	1.21	0.03	−0.58	−0.52	0.06
40	睦洲口站	1.22	1.24	0.02	−0.61	−0.56	0.05
41	莲腰站	1.30	1.24	−0.06	−0.61	−0.58	0.03
42	竹洲头站	1.29	1.26	−0.03	−0.86	−0.76	0.10
43	白蕉站	1.35	1.37	0.02	−1.00	−0.95	0.05
44	黄金站	1.36	1.36	0.00	−1.10	−0.97	0.13*
45	横山站	1.26	1.39	0.13*	−1.00	−0.90	0.10
46	西炮台站	1.43	1.55	0.12*	−1.22	−1.16	0.06
47	石咀站	1.30	1.33	0.03	−1.02	−0.72	0.30*
48	官冲站	1.41	1.64	0.23*	1.22	1.22	0.00

* 表示误差超过±0.10m。

表 5.1－5　　网河区流量验证误差统计表（1999 年 7 月中洪水）

序号	验证点	全潮平均流量/(m³/s)		误差/%	洪峰流量/(m³/s)		误差/%
		实测值	计算值		实测值	计算值	
1	黄沙站	151	169	11.9	1820	1872	2.9
2	沙洛围站	1400	1508	7.7	2050	2187	6.7
3	大虎站	5462	5474	0.2	28800	27431	－4.8
4	紫洞站	1547	1561	0.9	1860	1819	－2.2
5	石仔沙站	5048	5242	3.8	6170	5943	－3.7
6	三善右站	3956	4103	3.7	4830	4924	1.9
7	澜石站	2292	2505	9.3	2870	2978	3.8
8	弼教站	902	963	6.8	1240	1202	－3.1
9	三善左站	819	793	－3.2	1040	998	－4.0
10	三沙口站	2840	2753	－3.1	4460	4034	－9.6
11	西樵站	1043	1050	0.7	1320	1326	0.5
12	亭角站	1182	1256	6.3	2280	2364	3.7
13	上横站	1786	1913	7.1	2500	2324	－7.0
14	下横站	3137	3541	12.9	4240	4421	4.3
15	南沙站	6023	6710	11.4	10800	9840	－8.9
16	大陇窖站	7774	7952	2.3	10900	10004	－8.2
17	黄沙沥站	970	914	－5.8	1220	1110	－9.0
18	冯马庙站	3076	3410	10.9	4500	4787	6.4
19	南华站	10410	10892	4.6	13200	12344	－6.5
20	南头站	3927	3689	－6.1	4780	4270	－10.7
21	三围站	924	886	－4.1	1200	1109	－7.6
22	容奇站	2988	3146	5.3	3440	3605	4.8
23	海尾站	2170	2146	－1.1	2670	2499	－6.4
24	乌珠站	406	406	－0.1	516	490	－5.0
25	小榄站	1786	1911	7.0	2470	2243	－9.2
26	横门站	4303	4279	－0.6	5400	5560	3.0
27	邓滘沙站	673	673	0.0	759	760	0.1
28	天河站	11190	12288	9.8	13800	13711	－0.6
29	北街站	5835	5694	－2.4	7130	6396	－10.3
30	潮莲站	6276	6080	－3.1	8110	6979	－13.9

续表

序号	验证点	全潮平均流量/(m³/s)		误差/%	洪峰流量/(m³/s)		误差/%
		实测值	计算值		实测值	计算值	
31	百顷站	5348	5890	10.1	6480	7003	8.1
32	睦洲口站	2000	2206	10.3	2430	2620	7.8
33	大鳌站	5224	6098	16.7	6540	7139	9.2
34	灯笼山站	8293	8904	7.4	12830	12023	−6.3
35	竹洲头站	873	878	0.6	1070	1065	−0.5
36	黄金站	1219	1224	0.4	2110	2099	−0.5
37	劳劳溪站	454	475	4.6	674	635	−5.8
38	西炮台站	1066	1127	5.7	2130	1913	−10.2
39	虎坑站	651	646	−0.8	990	904	−8.7
	平均值	3216	3368	4.7	4914	4742	−3.5

表 5.1−6　　网河区流量验证误差统计表（2001 年 2 月枯水）

验证点	落潮平均流量/(m³/s)		误差/%	涨潮平均流量/(m³/s)		误差/%
	实测值	计算值		实测值	计算值	
大虎站	15889.81	16122.78	1.47	16601.49	15785.36	−4.92
南沙站	3195.92	3125.48	−2.20	3212.22	2753.36	−14.28
冯马庙站	1473.25	1255.03	−14.81	1058.74	1160.11	9.57
横门站	1856.75	1788.13	−3.70	1848.09	1388.63	−24.86
灯笼山站	3379.92	3626.07	7.28	3070.52	2640.63	−14.00
黄金站	792.14	713.20	−9.97	796.04	746.81	−6.18
西炮台站	750.67	726.31	−3.24	733.30	765.53	4.40
官冲站	4099.59	3865.36	−5.71	4763.67	4347.55	−8.74
老鸦岗站	707.20	739.67	4.59	788.23	835.10	5.95
三水站	958.35	930.88	−2.87	420.86	456.08	8.37
澜石站	346.33	458.65	32.43	387.40	400.75	3.45
沙洛围站	620.73	622.13	0.23	633.93	679.98	7.26
大石站	186.05	192.96	3.71	199.30	207.38	4.05
三善右站	1364.25	1435.80	5.24	1304.00	1355.86	3.98
三善左站	266.94	328.16	22.93	325.34	332.87	2.31
三沙口站	1388.98	1507.63	8.54	1594.08	1545.37	−3.06

续表

验证点	落潮平均流量/(m³/s)		误差 /%	涨潮平均流量/(m³/s)		误差 /%
	实测值	计算值		实测值	计算值	
勒流站	162.66	175.76	8.05	155.25	141.70	−8.73
南华站	2026.77	2146.55	5.91	1491.03	1599.57	7.28
容奇站	607.11	588.07	−3.14	509.89	422.16	−17.20
三围站	413.33	358.73	−13.21	347.44	341.18	−1.80
小榄站	374.16	398.45	6.49	310.02	310.95	0.30
海尾站	491.17	467.20	−4.88	279.73	343.12	22.66
黄沙沥站	256.45	239.14	−6.75	270.84	193.08	−28.71
下横站	1261.01	1223.67	−2.96	1155.39	842.05	−27.12
马口站	3217.88	3012.91	−6.37	1408.08	1512.88	7.44
天河站	2082.27	2390.51	14.80	1584.89	1556.59	−1.79
竹洲头站	231.98	237.08	2.20	229.09	248.94	8.66
石咀站	1793.30	1751.36	−2.34	1821.08	1959.48	7.60

注 所有 56 个数据点中，共有 12 个数据误差大于 10%，合格率约为 80%。个别误差较大的站点，可能是地形不够匹配或实测资料误差所致，同时也与其自身潮流量较小有关。

表 5.1-7   河口区平均潮位验证误差统计表（1998 年 6 月大洪水）   单位：m

验证点	实测值	计算值	误差
担杆岛站	−0.12	−0.14	−0.02
大万山站	−0.12	−0.13	−0.01
三灶站	−0.07	−0.12	−0.05
乐安排站	−0.13	−0.13	0.00
大虎站	0.28	0.21	−0.07
南沙站	0.75	0.78	0.03
冯马庙站	1.46	1.48	0.02
横门站	1.20	1.25	0.05
凫洲站	0.54	0.51	−0.03
横门南汊站	0.60	0.67	0.07
金星门站	−0.16	−0.22	−0.06
内伶仃岛站	−0.20	−0.23	−0.02
赤湾站	−0.23	−0.23	0.00

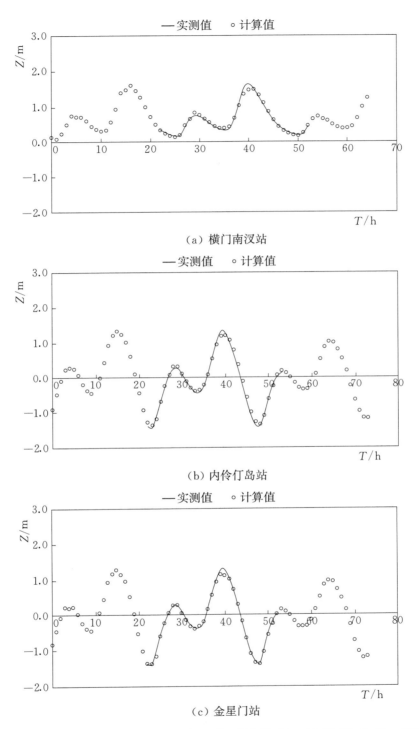

（a）横门南汊站

（b）内伶仃岛站

（c）金星门站

图 5.1-1 （一） 河口区 1998 年 6 月 （25 日 20：00 至 28 日 21：00）
大洪水组合数学模型潮位验证成果

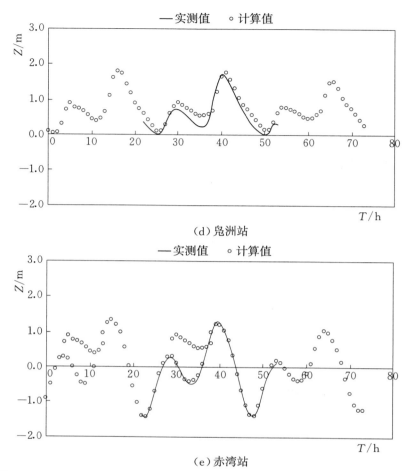

（d）凫洲站

（e）赤湾站

图 5.1-1（二） 河口区 1998 年 6 月（25 日 20：00 至 28 日 21：00）
大洪水组合数学模型潮位验证成果

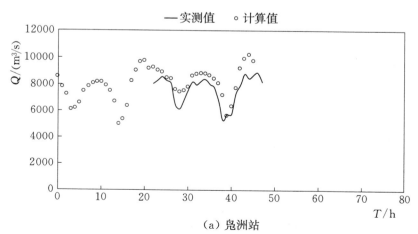

（a）凫洲站

图 5.1-2（一） 河口区 1998 年 6 月（25 日 20：00 至 28 日 21：00）
大洪水组合数学模型流量验证成果

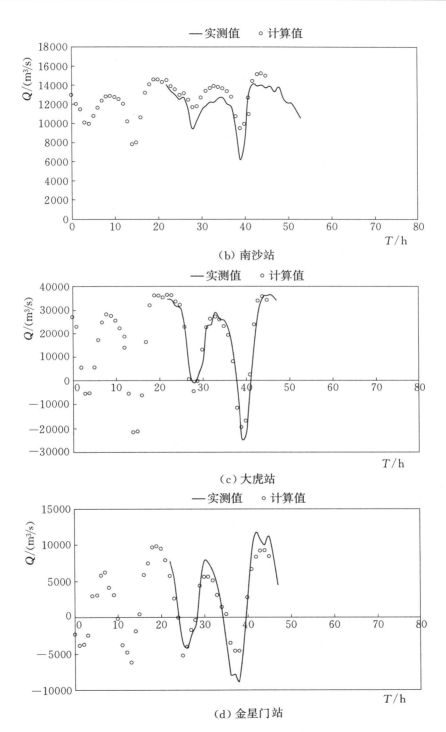

（b）南沙站

（c）大虎站

（d）金星门站

图 5.1－2（二）　河口区 1998 年 6 月（25 日 20：00 至 28 日 21：00）
大洪水组合数学模型流量验证成果

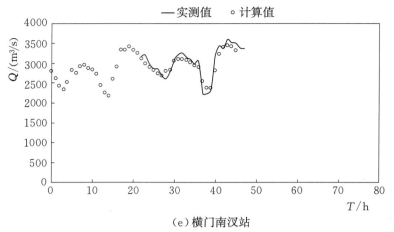

（e）横门南汊站

图 5.1 - 2（三）　河口区 1998 年 6 月（25 日 20：00 至 28 日 21：00）
大洪水组合数学模型流量验证成果

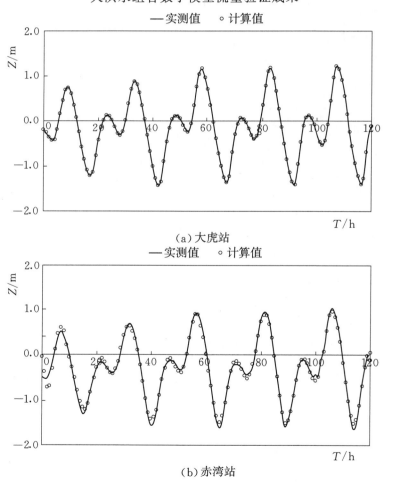

（a）大虎站

（b）赤湾站

图 5.1 - 3（一）　河口区 2003 年 7 月（26 日 0：00 至 30 日 21：00）
中洪水数学模型水位验证成果

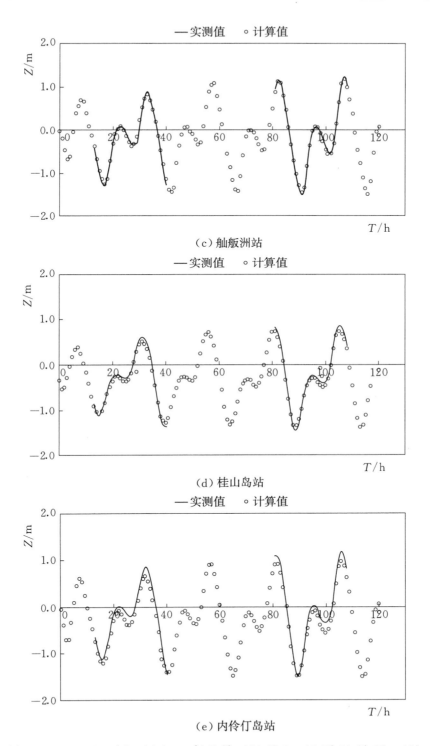

（c）舢舨洲站

（d）桂山岛站

（e）内伶仃岛站

图 5.1-3（二）　河口区 2003 年 7 月（26 日 0：00 至 30 日 21：00）
中洪水数学模型水位验证成果

5.1.3　河口区二维潮流泥沙数学模型

潮流泥沙数学模型的主要方程包括水流连续方程、运动方程、泥沙连续方程和河床变形方程，用于计算规划方案实施后规划区域冲淤变化及对周边区域河床演变的影响。水流连续方程和运动方程与潮流联解模型中的二维部分一致，以下仅介绍泥沙方程。

5.1.3.1　基本方程

1. 泥沙连续方程

$$\frac{\partial(HS)}{\partial t} + \frac{1}{C_\xi C_\eta}\left[\frac{\partial}{\partial \xi}(C_\eta HuS) + \frac{\partial}{\partial \eta}(C_\xi HvS)\right]$$

$$= \frac{1}{C_\xi C_\eta}\left[\frac{\partial}{\partial \xi}\left(H\varepsilon_\xi \frac{C_\eta}{C_\xi}\frac{\partial S}{\partial \xi}\right) + \frac{\partial}{\partial \eta}\left(H\varepsilon_\eta \frac{C_\xi}{C_\eta}\frac{\partial S}{\partial \eta}\right)\right] - \alpha\omega(S - S_*^2) + S_0 \quad (5.1-10)$$

式中：ε_ξ、ε_η 为泥沙扩散系数；α 为冲淤系数；S_*^2 为水流挟沙能力，二维泥沙模型还考虑了风浪掀沙作用及含盐度对泥沙输移及沉降的影响，对推移质泥沙则不作特别计算，$S_*^2 = k_1\dfrac{v^3}{\omega}\dfrac{1}{\sqrt{gH}} + k_2\dfrac{H_{\text{W}}}{H^2\omega}$，其中 k_1、k_2 为挟沙能力系数；v 为垂线平均流速，m/s；H_{W} 为波高，m；S 为含沙量，g/m^3；ω 为泥沙沉速，mg/h；S_0 为泥沙源强，$\text{kg/(m}^2 \cdot \text{s)}$。

2. 河床变形方程

$$\gamma_0\frac{\partial \eta}{\partial t} = \alpha\omega(S - S_*^2) \quad (5.1-11)$$

式中：γ_0 为泥沙淤积干容重，kg/m^3；η 为河床冲淤厚度，m。

5.1.3.2　定解条件

1. 边界条件

计算域与其他水域相通的开边界 Γ_1 上有

$$S(x,y,t)\big|_{\Gamma_1} = S^*(x,y,t) \quad (5.1-12)$$

计算水域与陆地交界的固边界 Γ_2 上有

$$\frac{\partial S}{\partial \vec{n}} = 0 \quad (5.1-13)$$

式中：$S^*(x,y,t)$ 为已知值（实测值或准实测值或分析值）；式（5.2-16）的物理意义为泥沙沿固边界的法向通量为零。

2. 初始条件

$$S(x,y,t)\big|_{t=t_0} = S_0(x,y,t_0) \quad (5.1-14)$$

式中：$S_0(x,y,t_0)$ 为初始时刻 t_0 的已知值。

5.1.3.3 泥沙模型关键问题的处理

1. 潮流、波浪共同作用下的泥沙挟沙力

潮流、波浪综合作用下挟沙力选取窦国仁公式计算：

$$S^* = \alpha_0 \frac{\gamma\gamma_s}{(\gamma_s - \gamma)}\left[\frac{v^3}{C^2 H\omega} + \beta_0 \frac{H_w^2}{HT\omega}\right] \tag{5.1-15}$$

式中：γ 和 γ_s 分别为水和泥沙颗粒容重，kg/m³；H_w 为平均波高，m；T 为周期，s；ω 为悬浮泥沙平均沉降速度，m/s；v 为平均速度，m/s；H 为平均水深，m；根据多处海域实测资料求得 $\alpha_0 = 0.023$，$\beta_0 = 0.04 f_w$，f_w 为波浪摩阻系数，一般按照 $\beta_0 = 0.0004$ 考虑；谢才系数用曼宁公式确定，即 $C = \frac{1}{n}H^{\frac{1}{6}}$，$n$ 为糙率系数。

2. 底床冲淤判别和泥沙起动速度的确定

底床冲淤采用含沙量与挟沙能力对比的判别条件：当 $S > S_*$，即含沙量大于挟沙力时，底床淤积；当 $S < S_*$ 且 $v > v_c$，即含沙量小于挟沙力，且流速大于起动流速时，底床冲刷。

泥沙起动流速的计算采用张瑞瑾公式：

$$v_c = 1.34\left(\frac{h}{d}\right)^{0.14}\left[\frac{\gamma_s - \gamma}{\gamma}gd + 0.00000496\left(\frac{d_1}{d}\right)^{0.72}g(h_a + h)\right]^{0.5} \tag{5.1-16}$$

3. 挟沙力级配的计算

$$p_n = \frac{p_{nb} \cdot \max\left((S^* - \sum_{n=1}^{L}S), 0\right) + S}{\max(S^*, S)} \tag{5.1-17}$$

式中：L 为可悬浮泥沙的粒径号；S^* 为潮流挟沙力；p_{nb} 为无悬沙条件下底沙的挟沙力级配，采用李义天公式计算：

$$p_{nb} = \frac{a_n p_{bn}}{\sum_{n=1}^{m}\alpha_n p_{bn}} \tag{5.1-18}$$

式中：$a_n = (1 - A_n)\dfrac{1 - e^{-R_n}}{\omega_n}$，其中 $A_n = \dfrac{\omega_n}{\dfrac{u_*}{\sqrt{2\pi}}e^{-\frac{\omega_n^2}{2u_*^2}} + \omega_n\Psi\left(\dfrac{\omega_n}{u_*}\right)}$，$R_n = \dfrac{6\omega_n}{ku_*}$。

其中，$\Psi(x) = \displaystyle\int_{-\infty}^{x}\frac{1}{\sqrt{2\pi}}e^{-\frac{t^2}{2}}dt$；$p_{bn}$ 表示第 n 粒径组所占百分比；u_* 为摩阻流速；k 为卡门常数。

4. 河床级配的调整模式

床沙级配调整方程为

$$\gamma'_s \frac{\partial E_L p_{bn1}}{\partial t} + \partial_n \omega_n (S_n - \Phi_n) + [\varepsilon_1 p_{bn1} + (1-\varepsilon) p_{bn0}] \gamma'_s \left(\frac{\partial E_0}{\partial t} - \frac{\partial E_L}{\partial t} \right) = 0$$

$$(5.1-19)$$

式中：E_0 为初始河床床沙厚度；E_L 为混合层厚度；p_{bn1} 为混合层级配；p_{bn0} 为床沙级配；ε_1 为系数，取值如下：

$$\varepsilon_1 = \begin{cases} 0，混合层在冲刷过程中涉及原始河床 \\ 1，混合层在冲刷过程中未涉及原始河床 \end{cases}$$

5. 泥沙沉速按下式计算

$$\omega = \sqrt{\left(13.95 \frac{\nu}{d}\right)^2 + 1.09 \frac{\gamma_s - \gamma}{\gamma} gd} - 13.95 \frac{\nu}{d} \qquad (5.1-20)$$

式中：ν 为运动黏滞系数，20℃水温时取值 $1.003 \times 10^{-6} \text{m}^2/\text{s}$；$d$ 为泥沙粒径，mm；γ 为水的比重，kg/m^3；γ_s 为泥沙的比重，取值为 2650kg/m^3。

此外，由于细颗粒泥沙在盐水中容易发生絮凝，沉降速度与水体含盐度和含沙量有关。如珠江河口这样的潮汐河口，悬移质泥沙中有很多颗粒极细的黏粒和胶粒，遇到有一定含盐量的水流，便会产生絮凝现象。根据南京水利科学研究院的试验表明，含盐度在 3‰ 以下沉速增加缓慢；含盐度在 3‰～20‰ 范围内，细颗粒泥沙产生絮凝，沉速增加较快；含盐度超过 20‰，沉速不再增加。絮凝沉降速度如下：

$$\omega = \omega_0 K_f \left(\frac{1 + 4.6 S^{0.6}}{1 + 0.06 U^{0.75}} \right) \qquad (5.1-21)$$

式中：S 为含沙量，kg/m^3；K_f 为盐淡水混合系数；ω_0 为泥沙颗粒沉速，mg/h；ω 为絮凝沉速，mg/h。

根据《港口与航道水文规范》（JTS 145—2015）[15]，在海水情况下，细颗粒泥沙絮凝团的当量粒径为 0.015～0.03mm，其相应的沉降速度为 0.01～0.06cm/s，这里取 0.04cm/s；当分散体的粒径大于 0.03mm 时，可按有关的泥沙沉降速度公式计算。

5.1.3.4　计算范围、网格布置及边界条件

二维潮流泥沙模型采用 ADI 法把基本方程离散成相应的差分方程，各变量布置在交错网格上，时间过程采用前差，空间采用中心差分，在悬沙输运方程中对流项采用"迎风"格式。二维潮流泥沙模型的计算范围和网格尺寸与联解模型的二维部分相同。计算边界条件为下边界根据三灶、大万山的实测潮位过程和含沙量过程外推；模型上边界的控制条件：大虎、南沙、冯马庙、横门

和灯笼山水文站的潮流量过程及含沙量过程。

5.1.3.5　模型的率定及验证

二维潮流泥沙模型的率定及验证包括水流验证、含沙量验证和河床冲淤验证。水流验证见联解模型的河口区水流验证成果。以下介绍含沙量验证和冲淤验证的有关成果。

1. 含沙量验证

含沙量验证的计算水文条件为 1998 年 6 月大洪水组合（1998 年 6 月 25 日 20：00 至 28 日 22：00），误差统计参见表 5.1-8。验证结果表明，除个别点外，二维潮流泥沙数学模型含沙量的计算结果与原型实测资料较为吻合，计算精度基本满足《海岸与河口潮流泥沙模拟技术规程》（JTS/T 231—2—2010）精度要求。

表 5.1-8　　二维模型含沙量验证误差统计表（1998 年 6 月大洪水）　单位：kg/m³

验证点	实测值	计算值	误差	验证点	实测值	计算值	误差
凫洲	0.618	0.508	−0.110	金星门	0.280	0.173	−0.107
横门南汊	0.478	0.618	0.140	伶仃东 1	0.188	0.139	−0.049
散点 4 号	0.117	0.135	0.018	伶仃东 2	0.181	0.150	−0.031
散点 5 号	0.437	0.706	0.269	淇澳东 1	0.413	0.379	−0.034
散点 6 号	0.258	0.164	−0.094	淇澳东 2	0.256	0.155	−0.101
散点 7 号	0.126	0.157	0.031	淇澳东 3	0.234	0.167	−0.067
散点 8 号	0.276	0.242	−0.034				

2. 冲淤验证

选取 2000—2011 年的多年平均冲淤厚度作为规划区附近河床冲淤验证的依据，计算采用的岸线和地形以现状情况为基础。验证范围内的误差统计见表 5.1-9。计算结果表明，规划区附近处于冲淤基本平衡的微淤态势，实测地形资料统计回淤强度为 0.043m/a，模型计算结果为 0.038，误差为 −11.6%，满足《海岸与河口潮流泥沙模拟技术规程》（JTS/T 231—2—2010）精度要求。

表 5.1-9　　　　　规划区附近河床冲淤验证误差统计表

统计期限	回淤强度/(m/a)		差值/(m/a)	误差百分比/%
	实测值	计算值		
2000—2011 年	0.043	0.038	−0.005	−11.6

综上所述，二维潮流泥沙数学模型的计算结果符合技术规程的精度要求；验证范围的回淤强度计算值与实测值较为接近，总体满足验证要求。可见，二维潮流泥沙数学模型的验证是合适的，模型可以用于规划方案的计算分析。

5.2　珠江河口整体潮汐物理模型

物理模型试验研究在珠江水利科学研究院已建的珠江河口整体潮汐物理模型上进行。该模型的设计及验证成果已于 2003 年 10 月通过了水利部国际合作与科技司主持的鉴定，鉴定认为珠江河口整体物理模型的设计与验证总体上达到国际先进水平，其中潮汐控制系统达到国际领先水平，研究成果获水利部 2004 年大禹科学技术二等奖。珠江河口整体物理模型的建立为研究珠江河口的潮流泥沙规律、论证大型涉水工程的防洪影响和制定珠江河口的治理规划方案提供了一个良好的技术平台。

5.2.1　模型范围

模型的下边界为珠江八大出海口门外海区 −25m 等高线，并延长 5km 左右的过渡段。模型的上边界为西江、北江上游至两江交汇处思贤滘附近，广州水道上游至老鸦岗，并分别向上游延伸 2km 作为过渡段；东江至石龙，向上游延伸 2km 作为过渡段。上边界以上用扭曲水道与量水堰连接，用以模拟潮区界段纳潮的长度和容积。所有上、下边界的过渡段都按实测地形模拟，以保证模型水流与原型相似。模拟的原型长度约为 140km，模拟的原型宽度约为 120km。

5.2.2　模型比尺

1. 模型平面比尺

根据试验场地面积、供水能力，选定模型的平面比尺 λ_l 为 700。

2. 模型垂直比尺

垂直比尺的确定必须考虑层流与紊流的界限、阻力平方区的界限、表面张力起作用的界限、变率的限制，以及变态模型糙率实现的可能性等。采用如下李昌华的模型水流处于紊流阻力平方区的水深比尺判据条件来确定模型垂直比尺：

$$\lambda_h \leqslant 4.22 \left(\frac{v_P H_P}{\nu_m} \right)^{\frac{2}{11}} \lambda_p^{8/11} \lambda_l^{8/11} \tag{5.2-1}$$

式中：v_P 为原型水流流速，m/s；H_P 为原型河道最小平均水深，m；λ_l 为模型的平面比尺；λ_p 为原型的阻力系数；ν_m 为模型水流运动黏滞系数。

经综合分析，并参考国内大型河口模型设计[16]，最后确定本模型的垂直比尺 λ_h 为 100，相应的变率 η 则为 7，这样可以减轻因变率偏大引起的泥沙运动相似性的偏离程度，同时经计算亦可满足避免表面张力影响的要求。

3. 其他比尺

要使模型水流和原型相似，模型设计必须满足水流运动相似。根据重力相似条件，得流速比尺为

$$\lambda_v = \lambda_h^{1/2} = 10 \tag{5.2-2}$$

根据阻力相似条件，得糙率比尺为

$$\lambda_n = \frac{\lambda_h^{2/3}}{\lambda_l^{1/2}} = 0.814 \tag{5.2-3}$$

珠江河口（海区）河床糙率一般为 0.012～0.019，按模型糙率比尺折算，模型要求的糙率为 0.015～0.023。一般水泥抹面的糙率约为 0.014，故模型通过加糙能满足糙率相似的要求。

水流时间比尺为

$$\lambda_{t_1} = \frac{\lambda_l}{\lambda_v} = 70 \tag{5.2-4}$$

流量比尺为

$$\lambda_Q = \lambda_l \lambda_h^{3/2} = 700000 \tag{5.2-5}$$

潮量比尺为

$$\lambda_W = \lambda_l^2 \lambda_h = 49000000 \tag{5.2-6}$$

5.2.3　地形资料

伶仃洋海区模型统一采用由 2011 年 6 月施测的 1:10000 的地形图制作，规划区附近采用 2016 年 3 月的实测地形资料，其余海域大部分区域采用 2005 年的实测地形资料，上游网河区采用 1999—2005 年的地形资料。

5.2.4　控制及测试设备

模型控制系统采用珠江水利科学研究院研制的分布式工业控制系统。中央监控机主要存储模型试验的各种参数，发布命令，显示实时监控图表、过程曲线、历史试验数据，打印相关参数和报警等，通过 RS232 串行通信线与现场机连接。现场机依据中央监控机的命令，自动完成数据采集和生潮设备的控制等任务。

模型的上边界通过量水堰控制径流流量，下边界生潮方式采用多口门变频器控制。模型上采用变频调速器直接调节水泵提供给模型的供水量，系统根据给定的潮位控制曲线调控每个变频器的输出频率，从而满足边界分段潮位控制的需要。生潮控制系统结构示意图如图 5.2-1 所示。

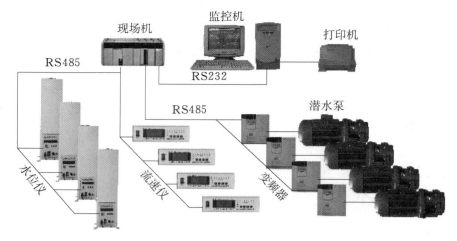

图 5.2 - 1　生潮控制系统结构示意图

模型潮位的量测采用珠江水利科学研究院研制的 GS - 3B 光栅式跟踪水位仪，精度可达到 0.1mm。流速的量测采用 LS - 3 光电流速仪。模型加沙系统采用珠江水利科学研究院研制的 RL 自动加沙系统，该系统通过变频器直接控制水泵的电机，通过调节加在电机上的交流电压频率来改变电机的运行速度，从而调节传输带的浑水流量，达到自动加沙的目的。该系统已耦合到 HMM 控制系统，使加沙过程与潮位、潮流控制过程同步。

5.2.5　模型沙的选择

1. 局部动床模型选沙

泥沙试验首先需进行局部动床试验，以研究规划实施可能引起的局部冲刷问题，为下一步开展规划的长期累积影响研究提供地形边界。

根据对东莞长安港新区建设、深圳机场二跑道、深圳港宝安港区工程、广州南沙港区工程等规划区附近其他工程研究的经验，综合考虑伶仃洋水域泥沙、水流特性，试验模型底沙选择比重为 1.22t/m³、中值粒径为 0.23mm、起动流速为 4.3～5.2cm/s 的塑料沙，基本能满足研究的要求。

2. 悬沙淤积模型选沙

悬沙淤积模型试验主要是为了研究规划方案实施对伶仃洋滩槽产生的影响问题。根据水文测验资料，伶仃洋水域的悬沙中值粒径为 0.002～0.017mm，属细颗粒黏性泥沙。考虑到该细颗粒悬沙在伶仃洋水环境下发生絮凝沉降，沉速为 0.04～0.05cm/s，计算得出絮凝当量粒径 d 平均值为 0.022mm。按照相似准则，要求模型沙的沉速为 0.028～0.035cm/s。至于该泥沙絮凝沉降于床面后的重新起动流速，根据珠江水利科学研究院对澳门附近水域原型泥沙起动的研究，在天然条件下，表层的泥沙处于絮团状态，泥沙絮团粒径 d' 与絮凝

当量粒径 d 之间存在如下关系：

$$K \frac{\gamma'_s - \gamma}{\gamma} g \frac{d'^2}{\gamma} = K \frac{\gamma_s - \gamma}{\gamma} g \frac{d^2}{\gamma} = \omega \qquad (5.2-7)$$

则有

$$d' = \left[\frac{\gamma_s - \gamma}{\gamma'_s - \gamma} \right]^{0.5} d = 2.04d \qquad (5.2-8)$$

式中：$\gamma_s = 2.65 \text{t/m}^3$；$\gamma'_s = 1.40 \text{t/m}^3$；$d' = 2.04 \times 0.022 = 0.044 \text{mm}$。采用张瑞瑾起动流速公式计算，当水深为 $5 \sim 10 \text{m}$ 时，起动流速为 $0.57 \sim 0.72 \text{m/s}$。按照流速比尺，要求模型沙的起动流速为 $6 \sim 7 \text{cm/s}$。

通过对多种不同模型沙进行试验和比较，认为木粉较为合适。本模型选用江苏靖江生产的 300 目的木粉，其比重为 1.16t/m^3，沉速约为 0.03cm/s，起动流速为 $5 \sim 7 \text{cm/s}$，基本能满足本试验的要求。该木粉由梧桐木制作，木质较轻，适合用于模拟细颗粒悬沙远距离的输移；但其缺点是易腐烂，需对木粉进行防腐处理。

3. 泥沙运动相似其他比尺

含沙量比尺根据原型沙的容重 $\gamma_s = 2.65 \text{g/cm}^3$，按挟沙能力比尺计算：

$$\lambda_{s_*} = \frac{\lambda_{\gamma_s}}{\lambda_{\gamma_s - \gamma}} = 0.22 \qquad (5.2-9)$$

悬沙冲淤变形的时间比尺依据原型淤积物组成，取原型沙干容重 $\gamma_{O_P} = 1.05 \text{g/cm}^3$，按悬沙淤积的时间比尺计算：

$$\lambda_{t_2} = \frac{\lambda_{\gamma_0} \lambda_l}{\lambda_{s_*} \lambda_v} = 559 \qquad (5.2-10)$$

本模型满足水流、泥沙运动相似的比尺，模型设计所得的各种比尺列于表 5.2-1。

表 5.2-1　　　　　　　　模 型 比 尺 汇 总 表

项目	比尺名称	符号	取值
几何比尺	平面比尺	λ_l	700
	垂直比尺	λ_h	100
水流比尺	流速比尺	λ_v	10
	水流时间比尺	λ_{t_1}	70
	流量比尺	λ_Q	700000
	潮量比尺	λ_W	49000000
	糙率比尺	λ_n	0.814

项目	比尺名称	符号	取值
泥沙比尺	沉速比尺	λ_ω	1.43
	粒径比尺	λ_d	0.37
	含沙量比尺	λ_{s_*}	0.22
	河床冲淤时间比尺	λ_{t_2}	559（计算值）

5.2.6　模型水流验证

1. 验证水文条件

整体模型清水定床验证试验按如下原则选取水文组合：①尽量与模型地形资料相匹配的水文资料；②径、潮流组合应包括洪、枯水期的特征潮型。

验证水文组合采用具有代表性的 2005 年 6 月（2005 年 6 月 24 日 3：00 至 25 日 3：00，洪水大潮）、1998 年 6 月（1998 年 6 月 27 日 0：00 至 28 日 1：00，洪水大潮）、1997 年 7 月（1999 年 7 月 16 日 0：00 至 17 日 1：00，中洪水大潮）、2003 年 7 月（2003 年 7 月 29 日 11：00 至 30 日 11：00，中洪水大潮）及 2001 年 2 月（2001 年 2 月 8 日 17：00 至 9 日 18：00，枯水大潮）进行模型验证。

2. 水流运动相似验证

为使模型水流运动与原型水流运动相似，需要在模型上反复调整潮汐控制曲线，并采用水中加糙和底部加糙的方法调整模型糙率，使模型模拟范围内各潮位站的潮位过程、各流速测点的流速过程线及流态与原型相似。

（1）潮位验证。各种水文组合条件下，各潮位站的潮位过程线与原型潮位过程线基本吻合，模型的涨、落潮历时及相位与原型基本一致，潮位特征值偏差值一般在 10cm（原型值）以内，符合《海岸与河口潮流泥沙模拟技术规程》（JTS/T 231—2—2010）技术规程的规定，满足潮位相似的要求。

（2）流速、流向验证。模型试验对规划区域附近流速测点的流速、流向进行了验证。各测点的流速与原型比较，误差基本在 ±10% 以内，各种水文组合条件下模型上各测点的流速过程及相位与原型基本一致。通过流速、流向的验证，可认为模型的流速、流向与原型基本相似，满足动力相似的要求。

（3）流态验证。由于实测资料缺乏，模型潮流流场采用遥感影像分析结果进行验证。遥感影像资料表明洪季涨急状态时，伶仃洋涨潮主流沿伶仃水道—川鼻水道—虎门一线上溯，而汇合延伸段仍维持为洪水下泄状态，汇合延伸段下泄洪水在浅滩区受涨潮流顶托，经过汇合段东向支汊汇入伶仃洋涨潮流。通过对洪水大潮的试验观测，模型上汇合延伸段流态与遥感分析基本一致。落潮低潮位时刻，浅滩的阻流显著，东向支汊与主槽形成明显的分流态势，模型流态、流路与原型基本吻合。

综上所述，模型验证误差基本上在技术规程要求之内，满足潮位、流速、流向、水流流场等方面的相似要求，可以认为模型水流运动与原型相似，可进行方案试验。

5.2.7　泥沙运动相似验证

考虑到泥沙试验的主要任务是研究规划方案对伶仃洋滩槽稳定的影响，尤其是滩地的淤积变化问题，因此泥沙运动相似性验证主要以伶仃洋浅滩淤积相似、茅洲河河口冲淤相似作为验证的重点。

5.2.7.1　伶仃洋浅滩淤积相似验证

1. 验证依据

河口区的滩槽演变是泥沙自然冲淤和人类活动共同作用的结果，前者是一定水沙和河道边界条件下泥沙输移和沉积过程的体现，是可以预测的；后者与河口区人类活动密切相关，其引起的河床变化十分显著，是不可预测的。伶仃洋近几十年来人类活动大致可以分为两类：一类是河口工程建设，河口区的围垦减小了河口滩涂的面积，影响着河口形态、河口区港口码头和航道建设，改变了局部河道形态，同时对河道水动力特性、河道冲淤演变也产生了间接的影响，相对而言，其工程建设的直接影响可以根据相关工程建设资料分析得到；另一类是河口区无序采砂活动，河口采砂不但引起局部区域异常下切，而且采砂对局部河床产生了强烈的扰动，这种影响的不确定因素较大，增加了河口区冲淤分析的复杂性，也相应增加了为泥沙模型选择淤积验证依据的难度。

根据伶仃洋滩槽演变分析，岸线明显变化之前（1985年之前）的验证资料较多，但因当时的边界与现状边界差异太大，故不能作为主要验证依据；而岸线相对稳定后的验证资料又明显不足，且因受近年来不断加剧的人类活动的影响，浅滩区海床表现为冲淤交替，也不是理想的淤积验证依据。为此，本模型只能以1954—2007年伶仃洋各主要滩地的年平均淤积速率，作为模型验证的依据。

根据伶仃洋的滩槽分布情况，各主要浅滩区域划分与河床演变分析时相同，分别统计各分区的年淤积厚度。泥沙运动相似性验证是在现状地形边界条件下进行的。

2. 水文组合

泥沙试验采用的水文条件：1999年7月中洪水径潮组合（含大、中、小潮）＋2001年2月枯水径潮组合（含大、中、小潮）。其中，1999年7月中洪水大潮组合，上游北江三水站最大洪峰流量为$9200\mathrm{m}^3/\mathrm{s}$，接近多年平均流量

9640m³/s；西江马口站最大洪峰流量为 26800m³/s，接近多年平均流量 27600m³/s；下游潮位则包括大、中、小不同潮型；模拟时段为 1999 年 7 月 15 日 23：00 至 23 日 13：00，时段长 182h，合计 7.5d。2001 年 2 月枯水径潮组合是珠江三角洲河网区大同步测流的主要水文组合之一，为了与 1999 年 7 月组合相对应，模拟时段亦采用 182h，模拟时段为 2001 年 2 月 7 日 17：00 至 15 日 7：00，下游潮位同样包括大、中、小不同潮型。

3. 验证方法

模型在上游东四口门大虎、南沙、冯马庙、横门分别布置了 4 个加沙断面，在下游香港门、伶仃洋海区分别布置 2 个加沙断面，落潮时上游加沙，涨潮时下游加沙。模型试验按水流时间比尺控制潮汐水流过程，按冲淤时间比尺计算出潮汐作用时间的长短。分别根据不同水文组合的不同断面实测含沙量过程，按含沙量比尺计算模型试验段上、下游的加沙量。

试验结束后，各浅滩按固定边界收沙，用量体积法计算出不同收沙区域的淤积量和淤积厚度，并与原型数据相比较。通过反复调整加沙量和冲淤时间比尺，以达到不同验证区域的泥沙淤积与原型相似。

4. 验证结果

伶仃洋滩地泥沙淤积验证试验得到的结果见表 5.2－2。除铜鼓浅滩外，模型验证区域平均淤积强度与多年实测地形资料分析的淤积强度结果较为相近。最后确定含沙量比尺为 0.22，冲淤时间比尺为 726。

表 5.2－2　　　　　　伶仃洋浅滩淤积速率验证成果表　　　　　　单位：m/a

位　置	1954— 1970 年	1970— 1985 年	1985— 1999 年	1999— 2007 年	1954— 2007 年平均	模拟 结果
蕉门延伸段尾闾浅滩	0.062	0.041	0.018	0.014	0.037	0.033
万顷沙尾闾浅滩	0.025	0.039	0.009	0.018	0.024	0.032
横门浅滩	0.029	0.032	−0.002	−0.014	0.015	0.022
淇澳岛南浅滩	0.026	0.011	0.031	0.012	0.021	0.025
伶仃洋西侧浅滩	0.101	0.014	0.004	0.032	0.040	0.050
中滩	0.047	0.002	−0.005	0.013	0.015	0.028
铜鼓浅滩	0.067	0.031	−0.072	0.101	0.025	0.040
东滩	0.018	−0.017	−0.015	0.036	0.002	0.012
桥东	0.025～0.05	0～0.025	0.025～0.05	0～0.05	—	0.011
桥西	0.025～0.05	0～0.025	0.025～0.05	0～0.025	—	0.008

注　淤积速率按固定区域淤积量统计。

验证结果表明，本模型能够较好地复演伶仃洋的泥沙运动现象，可用该模型进行规划方案的泥沙试验。

5.2.7.2　茅洲河河口冲淤相似验证

物理模型茅洲河河口冲淤验证，选取 2000—2011 年地形变化分析的多年平均冲淤厚度作为规划区附近河床冲淤验证的依据，采用的岸线和地形以现状情况为基础，冲淤验证结果统计见表 5.2－3。结果表明，规划区附近处于微淤态势，实测地形资料统计回淤强度为 0.043m/a，模型验证结果为 0.051m/a，误差为 18.6%，满足相关规范要求。

综上所述，验证范围内的回淤强度计算值与实测值较为接近，总体满足验证要求，研究采用的潮流泥沙物理模型对水沙运动的模拟是正确的，验证结果符合技术规程的精度要求，模型可以用于规划方案的模拟研究。

表 5.2－3　　　　　　　规划区附近河床冲淤验证统计表

统计期限	回淤强度/(m/a)		差值/(m/a)	误差百分比/%
	实测	模拟验证		
2000—2011 年	0.043	0.051	0.008	18.6

5.3　计　算　条　件

5.3.1　计算水文条件

主要选择近年有代表性的 2005 年 6 月洪水、1999 年 7 月中洪水、2001 年 2 月枯水、1993 年 6 月风暴潮共 4 组。4 组水文条件的特征值参见表 5.3－1。

表 5.3－1　　　　　　　选用的水文条件的特征值

径潮组合		2005 年 6 月	1999 年 7 月	2001 年 2 月	1993 年 6 月
		洪水	中洪水	枯水	风暴潮
马口站流量/(m³/s)		52100	26800	2051	11800
三水站流量/(m³/s)		16400	9220	674	2950
赤湾站潮位/m	最高潮位	1.38	1.25	1.28	2.22
	最低潮位	−1.67	−1.44	−1.43	−1.42
数学模型计算时段		6 月 24 日 3：00 至 25 日 4：00	7 月 15 日 23：00 至 23 日 17：00	2 月 7 日 17：00 至 15 日 23：00	9 月 17 日 0：00 至 18 日 10：00
物理模型试验时段		6 月 24 日 3：00 至 25 日 3：00	7 月 16 日 0：00 至 17 日 0：00	2 月 8 日 17：00 至 9 日 17：00	—

2005 年 6 月洪水组合：为近年最大的一场洪水，北江三水站达 100 年一遇洪水，最大洪峰流量为 16400m³/s，峰现时间为 2005 年 6 月 24 日 17：00—19：00；西江马口站超 200 年一遇，最大洪峰流量为 52100m³/s，峰现时间为 2005 年 6 月 24 日 11：00—21：00；两江洪峰相碰，恰逢下游珠江河口大潮，遭遇恶劣。其中，马口站实测洪峰流量在历史系列中与 1915 年洪水并列第一位，三水站实测洪峰流量在历史系列中排第二位，仅次于 1915 年大洪水。该组合相当于珠江河口 200 年一遇洪水，对应外海桂山岛大、中、小潮。计算时段为 26h（起止时间为 6 月 24 日 3：00 至 25 日 4：00），所选时段包括峰现时段。

1999 年 7 月中洪水组合：北江三水站最大洪峰流量为 9220m³/s，接近多年平均流量 9640 m³/s；西江马口站最大洪峰流量为 26800m³/s，接近多年平均洪峰流量 27600 m³/s；计算时段 188h（起止时间为 7 月 15 日 23：00 至 23 日 17：00），为珠江河口近年典型常遇洪水组合，可称中洪水组合。该组合可以相当于珠江河口 2 年一遇洪水，对应外海桂山岛大、中、小潮。

2001 年 2 月枯水组合（包括大、中、小潮）：计算时段 200h（起止时间为 2 月 7 日 17：00 至 15 日 23：00），为分析规划方案对珠江河口上游地区枯季潮灌影响的代表枯水组合（考虑在枯季对引水闸等引水工程运行的影响）。该水文组合期间，北江三水站日均流量为 674m³/s，西江马口站日均流量为 2051m³/s，该组合西江、北江洪峰流量小于多年平均洪峰流量，可作为枯水代表组合。计算时段内包含大潮、中潮，八大口门平均潮差大于八大口门多年平均潮差，相当于枯水大潮水文组合，其中蕉门南沙断面最大潮差 2.44m，最小潮差 0.16m，平均潮差 2.19m。

1993 年 6 月风暴潮组合：珠江河口 100 年一遇风暴潮，赤湾站最高潮位为 2.22m，最大风速在 30m/s 以上，计算时段 35h（起止时间为 9 月 17 日 0：00 至 9 月 18 日 10：00），为分析规划方案对珠江河口及上游地区防御风暴潮能力影响的代表组合，计算时主要考虑径流、潮流及风场三种因素的综合作用，风场以阻力形式概化到数学模型中去。

由于深圳市海洋新兴产业基地滩涂利用规划方案位于潮汐河口区，其水动力环境既受上游河网下泄径流的影响，又受下游外海潮汐的控制，因此规划方案比选主要选取洪水、中洪水、枯水及风暴潮等典型水文条件。规划方案的影响主要从两个方面考虑：①从对茅洲河不利影响的角度，考虑茅洲河 100 年一遇洪水（1%）遭遇珠江河口 2 年一遇洪水（1999 年 7 月中洪水）的水文条件，简称"1999 年 7 月＋100 年一遇洪水"；②从对河口不利影响的角度，考虑珠江河口 100 年一遇洪水（2005 年 6 月洪水）遭遇茅洲河 2 年一遇洪水（50％）的水文条件，简称"2005 年 6 月＋2 年一遇洪水"。2001 年 2 月枯水组合和 1993 年 6 月风暴潮组合下茅洲河则不添加流量。

数学模型采用上述四组典型水文条件进行方案前、后的一、二维联解潮流计算，物理模型采用 2005 年 6 月洪水组合、1999 年 7 月中洪水组合、2001 年 2 月枯水组合进行试验，分析评价深圳市海洋新兴产业基地滩涂利用规划方案对上游防洪、潮排、潮量，以及周围水域流速、流态的影响。

5.3.2　计算工况

为了研究规划方案实施对附近河道防洪潮的影响，将现状岸线加上已批复的深圳港宝安综合港区一期工程建设后的岸线边界作为现状边界（f0），在此边界基础上进行 3 个不同规划方案的防洪潮影响计算：

方案 1（f1）：将方案 1 开发利用范围概化为陆域，其余河口边界同 f0 工况。

方案 2（f2）：将方案 2 开发利用范围概化为陆域，其余河口边界同 f0 工况。

方案 3（f3）：将方案 3 开发利用范围概化为陆域，其余河口边界同 f0 工况。

第 **6** 章

滩涂开发利用规划方案比选

6.1 滩涂开发利用规划方案比选论证

6.1.1 壅水计算与分析
6.1.1.1 数学模型成果

数学模型潮位采样点参见图 6.1-1。根据壅水计算成果统计表（表 6.1-1～表 6.1-4），方案 1～方案 3 潮位变化规律基本一致，受规划方案实施后茅洲河河口水域面积缩窄的影响，茅洲河河口及其上游河道高高潮位、低低潮位均出现壅高，潮差减小；规划区西侧近岸水域高高潮位和低低潮位普遍降低；规划区上游长安港区及沙角电厂近岸水域高高潮位略有降低，低低潮位略有抬高；规划区下游宝安港区及深圳机场近岸水域高高潮位略有抬高、低低潮位略有降低；距离规划区较远的口门和伶仃洋其他水域潮位变化很小。

1. 东四口门及伶仃洋水域

东四口门及伶仃洋水域潮位基本不变，表明距离规划区较远的水域潮位受规划方案影响很小。

规划区西侧近岸水域高高潮位和低低潮位普遍降低。高高潮位变化较小，方案 1、方案 2、方案 3 高高潮位降低值最大分别为 0.006m、0.005m、0.005m，低低潮位降低值最大分别为 0.162m、0.158m、0.195m。高高潮位变化值较大的区域位于围填凸出位置近岸，低低潮位变化较大的位置则位于围填凸出位置的上部。对规划区西侧近岸水域潮位变化的影响，3 个方案基本相当，高高潮

图 6.1-1　潮位采样点及潮量统计断面布置图

表 6.1-1　　　　　　　　　规划方案潮位变化统计表

（数学模型，"1999 年 7 月＋100 年一遇洪水"）　　　　单位：m

采样点	位置	高高潮位				低低潮位			
		f0	变化值			f0	变化值		
			f1	f2	f3		f1	f2	f3
1	茅洲河河口	1.448	0.060	0.059	0.042	－0.049	0.459	0.459	0.352
4		1.443	0.001	0.001	0.001	－0.453	0.198	0.198	0.140
13		1.434	0.004	0.003	0.002	－0.968	0.173	0.173	0.130
2	茅洲河	1.564	0.057	0.056	0.041	0.565	0.184	0.184	0.128
3		1.850	0.045	0.045	0.033	1.173	0.094	0.094	0.064

采样点	位　置	高高潮位				低低潮位			
		f0	变化值			f0	变化值		
			f1	f2	f3		f1	f2	f3
5	规划区西侧近岸	1.441	−0.001	−0.001	0.000	−0.843	−0.162	−0.158	−0.195
6		1.437	−0.002	−0.001	0.000	−1.244	−0.016	−0.015	−0.011
7		1.429	−0.002	−0.001	−0.001	−1.258	−0.001	−0.002	−0.001
8		1.424	−0.002	−0.001	−0.001	−1.252	0.000	−0.001	0.000
9	下游宝安港区近岸	1.417	0.001	0.001	0.000	−1.247	0.000	0.000	0.000
10		1.412	0.001	0.001	0.000	−1.238	−0.001	0.000	0.000
11	下游深圳机场近岸	1.401	0.001	0.001	0.000	−1.238	−0.003	−0.002	−0.001
12		1.388	0.001	0.001	0.000	−1.246	−0.003	−0.002	−0.001
14	上游东莞长安港区及沙角电厂近岸	1.445	−0.002	−0.001	0.001	−1.256	0.004	0.004	0.003
15		1.450	−0.002	−0.001	−0.001	−1.258	0.001	0.001	0.001
16		1.466	−0.001	−0.001	0.000	−1.261	0.001	0.001	0.000
17	虎门	1.563	−0.001	−0.001	0.000	−1.263	0.001	0.001	0.000
18	蕉门	1.554	0.000	0.000	0.000	−0.845	0.001	0.001	0.000
19	洪奇门	1.632	0.000	0.000	0.000	−0.365	0.000	0.000	0.000
20	横门	1.506	0.000	0.000	0.000	−0.449	0.000	0.000	0.000
21	龙穴岛	1.434	−0.002	−0.001	−0.001	−1.250	0.001	0.001	0.000
22	淇澳岛	1.293	0.001	0.001	0.001	−1.208	−0.001	−0.001	−0.001
23	内伶仃岛	1.259	0.001	0.001	0.001	−1.279	−0.001	−0.001	−0.001

表 6.1−2　　　　　　　　规划方案潮位变化统计表
（数学模型，"2005 年 6 月＋2 年一遇洪水"）　　　　单位：m

采样点	位　置	高高潮位				低低潮位			
		f0	变化值			f0	变化值		
			f1	f2	f3		f1	f2	f3
1	茅洲河河口	1.969	0.009	0.008	0.006	−0.673	0.330	0.330	0.261
4		1.961	0.001	0.000	0.000	−0.909	0.218	0.218	0.162
13		1.968	0.001	0.001	0.001	−1.184	0.116	0.116	0.091
2	茅洲河	1.990	0.007	0.006	0.004	−0.343	0.178	0.178	0.134
3		2.033	0.006	0.004	0.003	−0.070	0.119	0.119	0.091
5	规划区西侧近岸	1.951	−0.002	−0.001	−0.001	−1.115	−0.124	−0.126	−0.151
6		1.943	−0.002	−0.002	−0.002	−1.322	−0.010	−0.010	−0.007
7		1.933	−0.004	−0.004	−0.004	−1.337	−0.003	−0.003	−0.002
8		1.916	−0.006	−0.005	−0.005	−1.341	−0.003	−0.002	−0.002

续表

采样点	位 置	高高潮位				低低潮位			
		f0	变化值			f0	变化值		
			f1	f2	f3		f1	f2	f3
9	下游宝安港区近岸	1.898	0.002	0.002	0.001	−1.352	−0.003	−0.002	−0.002
10		1.874	0.002	0.002	0.001	−1.363	−0.003	−0.002	−0.002
11	下游深圳机场近岸	1.848	0.001	0.001	0.000	−1.367	−0.002	−0.002	−0.001
12		1.835	0.001	0.001	0.000	−1.369	−0.002	−0.001	−0.001
14	上游东莞长安港区及沙角电厂近岸	1.977	−0.001	−0.001	−0.001	−1.296	0.001	0.001	0.001
15		1.989	−0.001	−0.001	−0.001	−1.282	0.001	0.001	0.001
16		2.019	0.000	0.000	0.000	−1.268	0.001	0.001	0.001
17	虎门	2.158	0.000	0.000	0.000	−1.204	0.001	0.001	0.001
18	蕉门	2.098	0.000	0.000	0.000	−0.577	0.001	0.001	0.000
19	洪奇门	2.331	0.000	0.000	0.000	0.451	0.000	0.000	0.000
20	横门	2.236	0.000	0.000	0.000	0.417	0.000	0.000	0.000
21	龙穴岛	1.977	−0.002	−0.002	−0.002	−1.290	0.001	0.002	0.001
22	淇澳岛	1.743	0.001	0.001	0.001	−1.313	−0.002	−0.002	−0.001
23	内伶仃岛	1.706	0.001	0.001	0.001	−1.516	−0.002	−0.001	−0.001

表 6.1－3　规划方案潮位变化统计表（数学模型，2001 年 2 月）　　　单位：m

采样点	位 置	高高潮位				低低潮位			
		f0	变化值			f0	变化值		
			f1	f2	f3		f1	f2	f3
1	茅洲河河口	1.670	0.000	0.000	0.000	−1.229	0.270	0.270	0.217
4		1.667	0.000	0.000	0.000	−1.295	0.205	0.204	0.118
13		1.665	0.001	0.001	0.001	−1.352	0.072	0.072	0.053
2	茅洲河	1.671	0.000	0.000	0.000	−1.165	0.233	0.233	0.182
3		1.671	0.000	0.000	0.000	−1.142	0.229	0.229	0.180
5	规划区西侧近岸	1.664	−0.002	−0.002	−0.001	−1.386	−0.008	−0.009	−0.049
6		1.661	−0.004	−0.003	−0.002	−1.428	−0.004	−0.003	−0.002
7		1.656	−0.004	−0.003	−0.002	−1.431	−0.004	−0.003	−0.002
8		1.652	−0.004	−0.003	−0.002	−1.434	−0.004	−0.003	−0.002
9	下游宝安港区近岸	1.648	0.001	0.001	0.000	−1.438	−0.003	−0.003	−0.002
10		1.645	0.001	0.001	0.000	−1.444	−0.003	−0.003	−0.002
11	下游深圳机场近岸	1.638	0.001	0.001	0.000	−1.445	−0.003	−0.002	−0.002
12		1.629	0.000	0.000	0.000	−1.443	−0.003	−0.002	−0.002

采样点	位　置	高高潮位				低低潮位			
		f_0	变化值			f_0	变化值		
			f_1	f_2	f_3		f_1	f_2	f_3
14	上游东莞长安港区及沙角电厂近岸	1.670	−0.002	−0.002	−0.001	−1.454	0.002	0.001	0.001
15		1.661	−0.002	−0.002	−0.001	−1.455	0.002	0.001	0.001
16		1.647	−0.001	−0.001	−0.001	−1.460	0.002	0.001	0.001
17	虎门	1.695	−0.001	−0.001	0.000	−1.495	0.002	0.001	0.001
18	蕉门	1.616	−0.001	0.000	0.000	−1.179	0.000	0.000	0.000
19	洪奇门	1.546	0.000	0.000	0.000	−1.049	0.000	0.000	0.000
20	横门	1.515	0.000	0.000	0.000	−1.039	0.000	0.000	0.000
21	龙穴岛	1.639	0.000	0.000	0.000	−1.435	0.001	0.001	0.001
22	淇澳岛	1.543	0.000	0.000	0.000	−1.347	−0.001	−0.001	−0.001
23	内伶仃岛	1.519	0.000	0.000	0.000	−1.454	−0.001	−0.001	−0.001

表 6.1－4　　规划方案潮位变化统计表（数学模型，1993 年 6 月）　　单位：m

采样点	位　置	高高潮位				低低潮位			
		f_0	变化值			f_0	变化值		
			f_1	f_2	f_3		f_1	f_2	f_3
1	茅洲河河口	2.118	0.000	0.000	0.000	−1.119	0.209	0.209	0.167
4		2.115	0.000	0.000	0.000	−1.152	0.112	0.112	0.083
13		2.118	0.001	0.001	0.001	−1.206	0.029	0.029	0.022
2	茅洲河	2.126	0.000	0.000	0.000	−1.056	0.190	0.190	0.152
3		2.142	0.000	0.000	0.000	−1.009	0.168	0.168	0.134
5	规划区西侧近岸	2.108	0.000	0.000	−0.001	−1.217	−0.039	−0.037	−0.037
6		2.104	0.000	−0.002	−0.002	−1.263	−0.003	−0.002	−0.002
7		2.097	−0.005	−0.005	−0.004	−1.265	−0.002	−0.002	−0.001
8		2.085	−0.005	−0.005	−0.004	−1.262	−0.002	−0.002	−0.001
9	下游宝安港区近岸	2.076	0.003	0.003	0.002	−1.260	−0.002	−0.001	−0.001
10		2.063	0.002	0.001	0.001	−1.255	−0.002	−0.001	−0.001
11	下游深圳机场近岸	2.043	0.001	0.001	0.001	−1.237	−0.001	−0.001	−0.001
12		2.016	0.000	0.000	0.000	−1.213	−0.001	−0.001	−0.001
14	上游东莞长安港区沙角电厂近岸	2.125	−0.003	−0.002	−0.002	−1.258	0.003	0.002	0.002
15		2.124	−0.003	−0.002	−0.001	−1.258	0.003	0.002	0.001
16		2.124	−0.002	−0.001	0.000	−1.259	0.002	0.002	0.001

采样点	位　置	高高潮位				低低潮位			
		f0	变化值			f0	变化值		
			f1	f2	f3		f1	f2	f3
17	虎门	2.177	−0.002	−0.001	−0.001	−1.263	0.001	0.001	0.000
18	蕉门	2.098	−0.001	−0.001	0.000	−1.020	0.001	0.000	0.000
19	洪奇门	1.985	0.000	0.000	0.000	−0.731	0.000	0.000	0.000
20	横门	1.957	0.000	0.000	0.000	−0.824	0.000	0.000	0.000
21	龙穴岛	2.094	−0.003	−0.003	−0.002	−1.253	0.003	0.002	0.001
22	淇澳岛	1.918	0.002	0.002	0.001	−1.117	−0.001	−0.001	−0.001
23	内伶仃岛	1.902	0.002	0.001	0.001	−1.184	−0.001	−0.001	0.000

位变化普遍较小，低低潮位变化在洪水、中洪水条件下影响较大，2001 年 2 月枯水及 1993 年 6 月风暴潮条件下影响较小。

规划区上游长安港区及沙角电厂近岸水域（14 号～16 号采样点）高高潮位降低，低低潮位抬高，各方案潮位变幅均较小，最大变化值不超过 0.004m；规划区下游宝安港区及深圳机场近岸水域高高潮位抬高、低低潮位降低，最大变化值不超过 0.003m。

2. 茅洲河及其河口水域

受规划方案实施后茅洲河河口水域面积缩窄的影响，茅洲河河口及其上游河道高高潮位、低低潮位均出现壅高。洪水、中洪水条件下潮位变化较大，在"1999 年 7 月＋100 年一遇洪水"的水文条件下，方案 1、方案 2、方案 3 高高潮位最大壅高值分别为 0.060m、0.059m、0.042m，低低潮位最大壅高值分别为 0.459m、0.459m、0.352m；在"2005 年 6 月＋2 年一遇洪水"的水文条件下，方案 1、方案 2、方案 3 高高潮位最大壅高值分别为 0.009m、0.008m、0.006m，低低潮位最大壅高值分别为 0.330m、0.330m、0.261m。2001 年 2 月枯水和 1993 年 6 月风暴潮条件下，高高潮位基本不变，低低潮位最大壅高值分别为 0.270m、0.270m、0.217m。茅洲河及其河口水域水位变化，方案 1 和方案 2 的影响基本相当，方案 3 的影响最小。方案 1 和方案 2 茅洲河低低潮位壅高值在 10cm 以上、方案 3 低低潮位壅高值在 6cm 以上的影响距离大约在上游 3km 范围内。

6.1.1.2　物理模型试验成果

不同方案实施后潮位变化参见表 6.1-5～表 6.1-7。在三种水文组合条件下，规划方案实施后，潮位变化趋势一致，东四口门水域和上、下游较远水域潮位没有明显变化，规划实施对茅洲河河口水域潮位影响较大。

表 6.1－5　　　　　"1999 年 7 月＋100 年一遇洪水"规划方案

实施后潮位变化（物理模型）　　　　单位：m

位　置	采样点	高高潮位变化值			低低潮位变化值		
		方案 1	方案 2	方案 3	方案 1	方案 2	方案 3
东四口门	大　虎	0.00	0.00	0.00	0.00	0.00	0.00
	南　沙	0.00	0.00	0.00	0.00	0.00	0.00
	冯马庙	0.00	0.00	0.00	0.00	0.00	0.00
	横　门	0.00	0.00	0.00	0.00	0.00	0.00
规划区附近	沙角电厂	0.00	0.00	0.00	0.00	0.00	0.00
	茅洲河河口	0.05	0.05	0.04	0.39	0.37	0.29
	宝安港区	0.00	0.00	0.00	0.00	0.00	0.00
	深圳机场	0.00	0.00	0.00	0.00	0.00	0.00
规划区下游	赤　湾	0.00	0.00	0.00	0.00	0.00	0.00
	内伶仃岛	0.00	0.00	0.00	0.00	0.00	0.00
	金星门	0.00	0.00	0.00	0.00	0.00	0.00

表 6.1－6　　　　　"2005 年 6 月＋2 年一遇洪水"规划方案实施后

潮位变化（物理模型）　　　　单位：m

位　置	采样点	高高潮位变化值			低低潮位变化值		
		方案 1	方案 2	方案 3	方案 1	方案 2	方案 3
东四口门	大　虎	0.00	0.00	0.00	0.00	0.00	0.00
	南　沙	0.00	0.00	0.00	0.00	0.00	0.00
	冯马庙	0.00	0.00	0.00	0.00	0.00	0.00
	横　门	0.00	0.00	0.00	0.00	0.00	0.00
规划区附近	沙角电厂	0.00	0.00	0.00	0.00	0.00	0.00
	茅洲河河口	0.01	0.01	0.01	0.28	0.27	0.22
	宝安港区	0.00	0.00	0.00	0.00	0.00	0.00
	深圳机场	0.00	0.00	0.00	0.00	0.00	0.00
规划区下游	赤　湾	0.00	0.00	0.00	0.00	0.00	0.00
	内伶仃岛	0.00	0.00	0.00	0.00	0.00	0.00
	金星门	0.00	0.00	0.00	0.00	0.00	0.00

表 6.1－7　　"2001 年 2 月"规划方案实施后潮位变化（物理模型）　　　单位：m

位　置	采样点	高高潮位变化值			低低潮位变化值		
		方案 1	方案 2	方案 3	方案 1	方案 2	方案 3
东四口门	大　虎	0.00	0.00	0.00	0.00	0.00	0.00
	南　沙	0.00	0.00	0.00	0.00	0.00	0.00
	冯马庙	0.00	0.00	0.00	0.00	0.00	0.00
	横　门	0.00	0.00	0.00	0.00	0.00	0.00
规划区附近	沙角电厂	0.00	0.00	0.00	0.00	0.00	0.00
	茅洲河河口	0.00	0.00	0.00	0.21	0.20	0.17
	宝安港区	0.00	0.00	0.00	0.00	0.00	0.00
	深圳机场	0.00	0.00	0.00	0.00	0.00	0.00
规划区下游	赤　湾	0.00	0.00	0.00	0.00	0.00	0.00
	内伶仃岛	0.00	0.00	0.00	0.00	0.00	0.00
	金星门	0.00	0.00	0.00	0.00	0.00	0.00

1. 东四口门及规划区下游

各方案实施后，潮位变化集中在茅洲河河口水域，其他水域没有变化。各方案实施后，东四口门（大虎、南沙、冯马庙、横门）和下游区（赤湾、内伶仃岛、金星门）潮位没有变化；规划区西北侧（沙角电厂附近水域），距离规划区位置约 7km 处，高高潮位和低低潮位均不变；规划区下游宝安港区测站距离规划区约 1km，高高潮位、低低潮位也没有变化。

2. 茅洲河河口

各方案实施后，方案 1 茅洲河河口水域高高潮位抬高 0.00～0.05m，低低潮位抬高 0.21～0.39m；方案 2 茅洲河河口水域高高潮位抬高 0.00～0.05m，低低潮位抬高 0.20～0.37m；方案 3 茅洲河河口水域高高潮位抬高 0.00～0.04m，低低潮位抬高 0.17～0.29m。低低潮位变化与茅洲河上游来流关系较大。

规划方案情况下茅洲河河口水域潮位变化趋势是洪水位抬高，低低潮位抬高更明显。"1999 年 7 月＋100 年一遇洪水"时，茅洲河上游来流大，外海涨潮流无法进入茅洲河，使茅洲河无涨潮流发生，规划方案占用洪水宣泄通道，导致茅洲河洪水高潮位抬高；各方案均侵占现有落潮主通道，减少了茅洲河来流向南的行洪扩散，引起低潮位时茅洲河河口潮位壅高值较大。方案 1 对茅洲河水位壅高的影响大于方案 2 和方案 3，方案 3 对茅洲河潮位影响最小。

6.1.1.3 壅水成果对比分析

由数学模型和物理模型壅水成果综合分析,规划方案对茅洲河的潮位影响较大,对伶仃洋及东四口门的潮位影响很小。规划方案实施后茅洲河洪水位均出现较大幅度的壅高,以方案 1 影响最大,方案 3 影响最小,流量越大则壅高值越大,枯水影响较小。表明规划方案对潮位的影响集中在茅洲河河口,因其占用了茅洲河河口主槽,不利于茅洲河洪水宣泄。因此,规划方案实施需要进行茅洲河河口整治,以减小规划方案对茅洲河泄洪的不利影响。

6.1.2 规划区附近水域水动力状况变化分析

6.1.2.1 流速变化分析

1. 数学模型成果

三个规划方案实施后,不同程度地改变了岸线边界,促使附近水域流场相应调整。为综合分析与评价三个规划方案对附近水域流速、流态变化等的影响,在规划区附近水域布设了 28 个流速、流向采样点(图 6.1-2),对计算结果进行采样统计分析,统计结果见表 6.1-8~表 6.1-13。

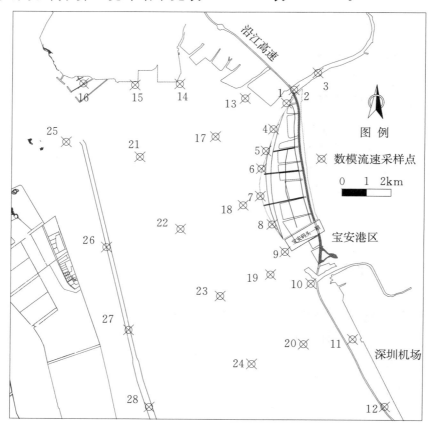

图 6.1-2 数学模型流速采样点布置图

表 6.1-8　　　　　　　规划方案流速流向变化统计表

（数学模型，"1999 年 7 月＋100 年一遇洪水"，落潮）

位置	采样点	落急流速/(m/s)				落急流向/(°)			
		f0	变化值			f0	变化值		
			f1	f2	f3		f1	f2	f3
茅洲河河口	1	2.50	−0.72	−0.72	−0.57	191.8	1.2	1.2	1.0
	4	0.82	0.27	0.27	0.33	225.6	−17.6	−17.6	−14.3
	13	0.29	0.17	0.17	0.13	267.5	3.9	3.8	3.0
茅洲河	2	2.31	−0.14	−0.14	−0.10	233.8	−0.3	−0.3	−0.3
	3	2.24	−0.05	−0.05	−0.04	236.6	0.1	0.1	0.1
规划区西侧近岸	5	0.76	−0.42	−0.42	−0.33	247.3	−42.7	−41.3	−20.9
	6	0.62	−0.55	−0.48	−0.33	221.2	−45.0	−33.6	−7.8
	7	0.35	−0.17	−0.02	−0.01	172.8	−16.0	−3.5	−3.5
	8	0.31	−0.07	0.00	0.01	159.2	−6.2	−2.9	0.6
下游宝安港区近岸	9	0.37	−0.01	0.00	0.00	150.6	1.2	1.8	1.7
	10	0.28	0.00	0.00	0.00	137.9	0.1	0.1	0.0
下游深圳机场近岸	11	0.23	0.00	0.00	0.00	150.6	0.0	0.0	0.0
	12	0.40	0.00	0.00	0.00	155.1	0.0	0.0	0.0
上游东莞长安港区及沙角电厂近岸	14	0.05	0.02	0.02	0.01	203.1	3.9	3.8	3.0
	15	0.09	−0.01	−0.01	−0.01	92.9	1.3	1.2	0.7
	16	0.15	0.00	0.00	0.00	103.9	0.2	0.2	0.1
内伶仃岛东部水域	17	0.32	0.04	0.04	0.03	183.6	7.6	7.0	4.5
	18	0.56	−0.01	−0.01	−0.01	159.0	−2.5	−2.6	−1.8
	19	0.58	−0.01	−0.01	−0.01	161.9	−0.6	−0.3	−0.1
	20	0.44	0.00	0.00	0.00	149.5	0.1	0.1	0.0
矾石水道	21	0.50	0.00	0.00	0.00	141.6	1.3	1.1	0.7
	22	0.91	0.01	0.01	0.00	145.7	−0.6	−0.4	−0.3
	23	0.80	0.00	0.00	0.00	152.5	−0.6	−0.4	−0.3
	24	0.64	0.00	0.00	0.00	153.1	−0.2	−0.1	−0.1
广州港出海航道	25	1.08	0.00	0.00	0.00	139.6	0.0	0.0	0.0
	26	0.94	0.00	0.00	0.00	168.1	0.0	0.0	0.0
	27	0.79	0.00	0.00	0.00	164.5	0.0	0.0	0.0
	28	0.80	0.00	0.00	0.00	149.6	0.0	0.0	0.0

注　1. 流向变化值中"－"表示向逆时针方向偏转，"＋"表示向顺时针方向偏转。

　　　2. 水流动力强度以茅洲河为主。

表 6.1－9　　　　　　　　规划方案流速流向变化统计表

（数学模型，"2005 年 6 月＋2 年一遇洪水"，落潮）

位置	采样点	落急流速/(m/s)				落急流向/(°)			
		f0	变化值			f0	变化值		
			f1	f2	f3		f1	f2	f3
茅洲河河口	1	1.04	−0.14	−0.14	−0.10	192.8	1.5	1.5	1.2
	4	0.39	0.02	0.02	0.12	215.6	−10.3	−10.4	−6.0
	13	0.08	0.04	0.04	0.03	197.8	44.0	42.7	34.3
茅洲河	2	1.03	−0.04	−0.04	−0.03	234.5	−0.4	−0.4	−0.3
	3	1.06	−0.02	−0.02	−0.02	236.1	0.1	0.1	0.1
规划区西侧近岸	5	0.31	−0.13	−0.09	−0.04	208.8	−12.0	−13.2	−18.3
	6	0.35	−0.22	−0.09	−0.06	197.4	−23.9	−15.6	−7.3
	7	0.51	−0.24	−0.01	0.00	169.5	−12.8	−1.1	−1.3
	8	0.47	−0.12	−0.01	0.01	160.2	−7.4	−4.2	−0.6
下游宝安港区近岸	9	0.57	−0.02	0.00	0.00	147.5	0.7	1.8	1.8
	10	0.38	0.01	0.01	0.01	136.3	0.1	0.1	0.1
下游深圳机场近岸	11	0.35	0.00	0.00	0.00	150.1	0.1	0.1	0.1
	12	0.56	0.00	0.00	0.00	155.3	0.1	0.0	0.0
上游东莞长安港区及沙角电厂近岸	14	0.02	0.00	0.00	0.00	128.7	19.0	17.6	12.9
	15	0.18	0.00	0.00	0.00	89.0	−0.1	−0.1	−0.1
	16	0.26	0.00	0.00	0.00	104.4	0.0	0.0	0.0
内伶仃岛东部水域	17	0.39	0.02	0.02	0.02	155.5	4.2	3.3	2.1
	18	0.73	0.03	0.01	0.00	158.0	−0.8	−1.0	−0.8
	19	0.82	−0.02	−0.01	−0.01	160.0	−0.8	−0.4	−0.3
	20	0.63	0.00	0.00	0.00	149.6	0.0	0.0	0.0
矾石水道	21	0.82	0.00	0.00	0.00	134.5	0.4	0.2	0.1
	22	1.33	0.01	0.01	0.00	145.5	−0.2	−0.2	−0.1
	23	1.13	0.00	0.00	0.00	152.4	−0.2	−0.2	−0.2
	24	0.91	0.00	0.00	0.00	152.9	−0.2	−0.1	0.0
广州港出海航道	25	1.59	0.00	0.00	0.00	138.8	0.0	0.0	0.0
	26	1.27	0.00	0.00	0.00	167.7	0.0	0.0	0.0
	27	1.12	0.00	0.00	0.00	164.7	0.0	0.0	0.0
	28	1.07	0.00	0.00	0.00	150.9	0.0	0.0	0.0

注　流向变化值中"－"表示向逆时针方向偏转，"＋"表示向顺时针方向偏转。

表 6.1-10　规划方案流速流向变化统计表（数学模型，2001 年 2 月，落潮）

位置	采样点	落急流速/(m/s)				落急流向/(°)			
		f0	变化值			f0	变化值		
			f1	f2	f3		f1	f2	f3
茅洲河河口	1	0.55	−0.11	−0.11	−0.07	199.4	1.6	1.6	1.2
	4	0.20	0.09	0.09	0.11	219.6	−9.7	−9.7	−8.7
	13	0.11	0.03	0.03	0.02	226.2	16.0	15.7	12.0
茅洲河	2	0.40	−0.04	−0.04	−0.03	234.3	0.5	0.5	0.4
	3	0.40	−0.03	−0.03	−0.02	235.2	0.3	0.3	0.3
规划区西侧近岸	5	0.24	−0.12	−0.10	−0.08	233.2	−25.6	−25.7	−34.3
	6	0.27	−0.20	−0.12	−0.08	208.0	−10.7	−21.3	−9.9
	7	0.37	−0.21	−0.01	0.00	171.6	−9.4	−1.5	−1.4
	8	0.34	−0.09	0.00	0.01	160.4	−5.5	−3.7	−0.2
下游宝安港区近岸	9	0.40	0.00	0.01	0.01	151.4	1.0	1.8	1.7
	10	0.29	0.00	0.00	0.00	138.5	0.1	0.1	0.1
下游深圳机场近岸	11	0.25	0.00	0.00	0.00	150.6	−0.1	−0.1	0.0
	12	0.43	0.00	0.00	0.00	155.1	0.0	0.0	0.0
上游东莞长安港区及沙角电厂近岸	14	0.05	0.00	0.00	0.00	177.4	1.4	1.3	0.9
	15	0.13	0.00	0.00	0.00	95.3	0.2	0.1	0.1
	16	0.19	0.00	0.00	0.00	104.2	0.0	0.1	0.1
内伶仃岛东部水域	17	0.32	0.01	0.01	0.01	161.7	1.5	1.0	0.3
	18	0.57	0.01	0.01	0.00	158.0	−1.1	−1.1	−0.7
	19	0.63	−0.01	−0.01	−0.01	162.4	−0.6	−0.3	−0.2
	20	0.47	0.00	0.00	0.00	150.6	0.2	0.1	0.1
矾石水道	21	0.56	0.00	0.00	0.00	138.9	0.1	0.0	−0.1
	22	0.99	0.01	0.00	0.00	145.4	−0.2	−0.2	−0.1
	23	0.85	0.00	0.00	0.00	152.3	−0.2	−0.2	−0.2
	24	0.69	0.00	0.00	0.00	153.2	−0.2	−0.1	−0.1
广州港出海航道	25	1.16	0.00	0.00	0.00	139.5	0.0	0.0	0.0
	26	1.01	0.00	0.00	0.00	167.5	0.0	0.0	0.0
	27	0.85	0.00	0.00	0.00	165.6	0.0	0.0	0.0
	28	0.87	0.00	0.00	0.00	150.9	0.0	0.0	0.0

注　流向变化值中"−"表示向逆时针方向偏转，"＋"表示向顺时针方向偏转。

表 6.1-11 规划方案流速流向变化统计表（数学模型，2001 年 2 月，涨潮）

位置	采样点	涨急流速/(m/s)				涨急流向/(°)			
		f0	变化值			f0	变化值		
			f1	f2	f3		f1	f2	f3
茅洲河河口	1	0.58	−0.03	−0.03	−0.02	20.3	0.7	0.7	0.8
	4	0.23	0.04	0.04	0.07	37.2	−11.6	−11.6	−12.4
	13	0.10	0.03	0.03	0.02	52.9	10.7	10.6	8.0
茅洲河	2	0.59	−0.02	−0.02	−0.02	49.7	0.0	0.0	0.0
	3	0.57	−0.02	−0.02	−0.02	53.7	0.0	0.0	0.0
规划区西侧近岸	5	0.20	−0.08	−0.05	0.00	28.4	−4.6	−6.2	−21.9
	6	0.27	−0.18	−0.07	−0.03	20.7	−2.6	−13.0	−3.0
	7	0.38	−0.23	−0.02	−0.01	346.2	−3.0	1.1	−0.2
	8	0.34	−0.15	−0.02	−0.01	347.9	−15.1	−10.5	−5.2
下游宝安港区近岸	9	0.39	−0.03	−0.03	−0.02	327.0	−1.3	−0.9	−0.6
	10	0.35	−0.01	−0.01	0.00	314.7	−0.1	−0.1	−0.1
下游深圳机场近岸	11	0.30	0.00	0.00	0.00	331.8	0.0	0.0	0.0
	12	0.41	0.00	0.00	0.00	335.4	0.0	0.0	0.0
上游东莞长安港区及沙角电厂近岸	14	0.04	0.00	0.00	0.00	293.7	7.1	5.2	2.9
	15	0.19	0.00	0.00	0.00	267.6	0.0	0.0	0.0
	16	0.36	0.00	0.00	0.00	278.2	0.0	0.0	0.0
内伶仃岛东部水域	17	0.33	0.01	0.01	0.00	339.5	1.4	0.6	−0.1
	18	0.53	0.02	0.02	0.00	340.3	−1.2	−0.7	−0.6
	19	0.52	−0.02	−0.01	−0.01	338.9	−0.9	−0.6	−0.4
	20	0.40	0.00	0.00	0.00	330.4	−0.2	−0.1	−0.1
矾石水道	21	0.45	0.01	0.01	0.00	320.3	0.2	−0.1	−0.1
	22	0.68	0.00	0.00	0.00	327.8	−0.5	−0.5	−0.3
	23	0.61	0.00	0.00	0.00	332.4	−0.4	−0.4	−0.3
	24	0.54	0.00	0.00	0.00	333.9	−0.2	−0.1	−0.1
广州港出海航道	25	0.76	0.00	0.00	0.00	325.1	0.0	0.0	0.0
	26	0.73	0.00	0.00	0.00	347.9	0.0	0.0	0.0
	27	0.57	0.00	0.00	0.00	340.4	0.0	0.0	0.0
	28	0.62	0.00	0.00	0.00	330.9	0.0	0.0	0.0

注 流向变化值中"−"表示向逆时针方向偏转，"+"表示向顺时针方向偏转。

表 6.1－12　规划方案流速流向变化统计表（数学模型，1993 年 6 月，落潮）

位置	采样点	落急流速/(m/s)				落急流向/(°)			
		f0	变化值			f0	变化值		
			f1	f2	f3		f1	f2	f3
茅洲河河口	1	0.53	−0.08	−0.08	−0.06	198.9	0.5	0.5	0.4
	4	0.19	0.09	0.09	0.11	219.0	−8.0	−8.1	−6.6
	13	0.12	0.03	0.03	0.02	227.7	13.5	13.3	10.2
茅洲河	2	0.37	−0.04	−0.04	−0.02	234.3	0.4	0.4	0.3
	3	0.37	−0.03	−0.03	−0.02	235.0	0.3	0.3	0.2
规划区西侧近岸	5	0.25	−0.14	−0.12	−0.09	235.1	−26.5	−26.6	−34.2
	6	0.25	−0.20	−0.13	−0.08	208.1	−10.7	−19.9	−9.7
	7	0.36	−0.22	−0.01	0.00	171.5	−8.8	−1.7	−1.0
	8	0.32	−0.11	−0.01	0.01	162.1	−7.1	−5.3	−1.5
下游宝安港区近岸	9	0.39	0.01	0.01	0.01	151.1	0.4	0.3	0.2
	10	0.25	0.01	0.00	0.00	138.5	0.1	0.1	0.1
下游深圳机场近岸	11	0.23	0.00	0.00	0.00	150.7	0.0	0.0	0.0
	12	0.42	0.00	0.00	0.00	154.8	0.0	0.0	0.0
上游东莞长安港区及沙角电厂近岸	14	0.04	0.00	0.00	0.00	177.7	1.8	1.7	1.4
	15	0.12	0.00	0.00	0.00	95.9	0.1	0.1	0.0
	16	0.18	0.00	0.00	0.00	105.2	0.2	0.1	−0.1
内伶仃岛东部水域	17	0.32	0.01	0.01	0.01	160.1	1.4	0.9	0.3
	18	0.56	0.01	0.01	0.01	158.1	−1.0	−1.1	−0.8
	19	0.61	−0.01	−0.01	−0.01	161.8	−0.6	−0.2	−0.1
	20	0.47	0.00	0.00	0.00	150.8	0.2	0.1	0.1
矾石水道	21	0.59	0.00	0.00	0.00	138.6	0.0	−0.1	−0.1
	22	0.96	0.01	0.01	0.00	145.7	−0.2	−0.2	−0.1
	23	0.81	0.00	0.00	0.00	152.3	−0.2	−0.2	−0.1
	24	0.67	0.00	0.00	0.00	152.5	−0.2	0.1	0.0
广州港出海航道	25	1.08	0.00	0.00	0.00	139.1	0.0	0.0	0.0
	26	0.95	0.00	0.00	0.00	167.1	0.0	0.0	0.0
	27	0.81	0.00	0.00	0.00	164.9	0.0	0.0	0.0
	28	0.79	0.00	0.00	0.00	151.3	0.0	0.0	0.0

注　流向变化值中"－"表示向逆时针方向偏转，"＋"表示向顺时针方向偏转。

表 6.1－13　　规划方案流速流向变化统计表（数学模型，1993 年 6 月，涨潮）

位置	采样点	涨急流速/(m/s)				涨急流向/(°)			
		f0	变化值			f0	变化值		
			f1	f2	f3		f1	f2	f3
茅洲河河口	1	0.51	0.02	0.02	0.01	21.7	1.9	1.9	1.1
	4	0.24	−0.06	−0.06	0.03	21.8	2.6	2.6	−2.2
	13	0.09	0.00	0.00	0.00	356.9	31.6	30.5	19.1
茅洲河	2	0.66	−0.01	−0.01	−0.01	51.5	−0.1	−0.1	−0.1
	3	0.73	−0.01	−0.01	−0.01	55.2	0.0	0.0	0.0
规划区西侧近岸	5	0.31	−0.19	−0.13	0.00	10.3	11.2	7.4	−4.4
	6	0.40	−0.29	−0.08	−0.01	7.2	10.1	−0.9	0.4
	7	0.59	−0.37	−0.01	0.01	349.0	−6.0	−1.8	−1.8
	8	0.57	−0.28	−0.07	−0.03	348.0	−16.0	−10.7	−5.8
下游宝安港区近岸	9	0.67	−0.06	−0.04	−0.03	325.8	−1.6	−1.1	−0.7
	10	0.63	−0.02	−0.01	−0.01	310.8	−0.1	0.0	0.0
下游深圳机场近岸	11	0.50	0.00	0.00	0.00	332.6	−0.1	0.0	0.0
	12	0.66	0.00	0.00	0.00	335.2	0.0	0.0	0.0
上游东莞长安港区及沙角电厂近岸	14	0.16	−0.01	−0.01	−0.01	231.1	1.7	1.5	1.0
	15	0.42	−0.01	0.00	0.00	264.1	0.0	0.0	0.0
	16	0.69	0.00	0.00	0.00	277.9	0.0	0.0	0.0
内伶仃岛东部水域	17	0.49	0.01	0.01	0.01	332.7	3.5	2.0	0.9
	18	0.77	0.04	0.02	0.01	341.5	−2.0	−1.2	−0.8
	19	0.79	−0.02	−0.02	−0.01	336.7	−1.1	−0.7	−0.4
	20	0.62	0.00	0.00	0.00	330.9	0.0	0.0	0.0
矾石水道	21	0.67	0.00	0.00	0.00	317.0	0.8	0.4	0.1
	22	0.96	0.01	0.00	0.00	328.1	−0.5	−0.4	−0.2
	23	0.87	0.00	0.00	0.00	333.2	−0.8	−0.5	−0.3
	24	0.79	0.00	0.00	0.00	334.3	−0.2	−0.1	−0.1
广州港出海航道	25	1.07	0.00	0.00	0.00	324.6	0.0	0.0	0.0
	26	1.01	0.00	0.00	0.00	346.5	0.0	0.0	0.0
	27	0.82	0.00	0.00	0.00	340.6	0.0	0.0	0.0
	28	0.89	0.00	0.00	0.00	332.6	0.0	0.0	0.0

注　流向变化值中"−"表示向逆时针方向偏转，"＋"表示向顺时针方向偏转。

（1）规划区近岸及其下游水域。规划实施后，该区域（5号～9号采样点）涨、落潮流速普遍减小。在"1999年7月＋100年一遇洪水"的水文条件下，落潮流速减小值为0.01～0.55m/s；在"2005年6月＋2年一遇洪水"的水文条件下，落潮流速减小值为0.02～0.24m/s；在1993年6月风暴潮和2001年2月枯水水文条件下，涨潮流速减小值为0.03～0.37m/s。

（2）规划区西侧水域。规划实施后，规划区西侧水域（4号、13号、14号、17号采样点）流速呈现增大趋势，以中上部茅洲河河口区域增大较为明显。在"1999年7月＋100年一遇洪水"的水文条件下，落潮流速增大值为0.02～0.33m/s；在"2005年6月＋2年一遇洪水"的水文条件下，落潮流速增大值为0.02～0.12m/s；在1993年6月风暴潮和2001年2月枯水水文条件下，涨潮流速增大值为0.01～0.07m/s。

（3）茅洲河（1号～3号采样点）。各方案实施后均占用一部分河道过水面积，下游围填区占用主槽导致河道内壅水，流速减小。在"1999年7月＋100年"的水文条件下，落潮流速减小值为0.05～0.72m/s；在"2005年6月＋2年"的水文条件下，落潮流速减小值为0.02～0.14m/s；在2001年2月枯水水文条件下，涨潮流速减小值不超过0.03m/s。

（4）宝安港区前沿（9号、10号采样点）。受规划方案影响，宝安港区前沿水域涨、落潮流速略有变化，变化值为－0.06～0.01m/s。

综上所述，各规划方案实施后，各水文组合下的流速变化趋势基本一致，流速发生变化的区域主要集中在规划区域附近，包括规划区、规划区西侧水域、茅洲河河口水域等。无论涨急与落急时刻，各水文条件下，受下游断面束窄的阻流影响，茅洲河河口流速普遍减小；规划区域占用主槽通道的影响，规划区近岸及其下游水域，流速主要表现为减小；更多水流往规划区西侧、北侧挤压，这些水域则呈现流速增大趋势，以中上部茅洲河河口增加较为明显。茅洲河河口流速最大减小值约为0.72m/s，规划区西侧水域流速最大增加值约为0.33m/s，宝安港区前沿水域流速变化值基本不超过0.06m/s。对流速变化的影响以方案1最大，方案2次之，方案3最小。

2. 物理模型成果

为观测规划对周边水域流速的影响，物理模型试验共布置了15个流速测点（图6.1－3）。不同水文组合条件下，规划实施前后流速变化见表6.1－14～表6.1－16。试验结果表明，规划实施后，流速变化水域集中在茅洲河河口及规划区附近2km以内水域（9号～14号测点），伶仃航道、规划区下游水域流速基本没有变化。

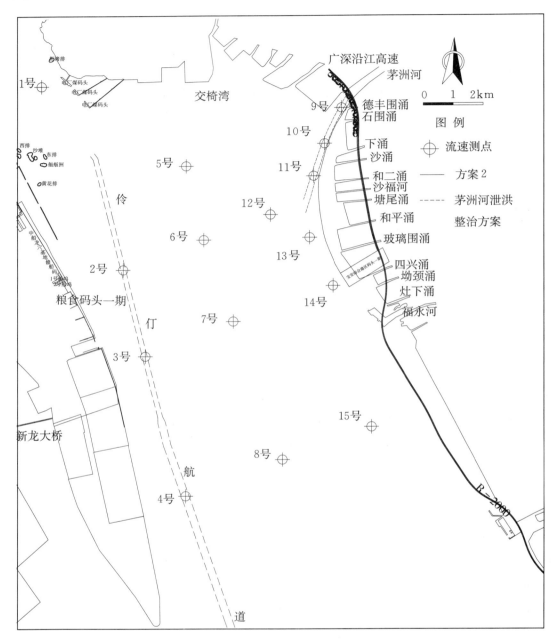

图 6.1-3 物理模型流速采样点布置图

方案 1、方案 2、方案 3 条件下，受规划方案束窄过水断面影响，各水文条件下涨、落潮时，茅洲河河口水域流速略有减小，茅洲河河口外附近水域水流流速略有增加，下游水域流速略有减小。

（1）规划区附近。各方案实施后，受过水断面束窄的影响，茅洲河河口附近（10 号测点附近）涨、落潮水流流速略有增大，伶仃洋洪水大潮遭遇茅洲

表6.1-14　"1999年7月+100年一遇洪水"组合流速变化统计表（物理模型）

单位：m/s

位置	采样点	涨潮最大流速变化值			涨潮平均流速变化值			落潮最大流速变化值			落潮平均流速变化值		
		f1	f2	f3	f1	f2	f3	f1	f2	f3	f1	f2	f3
伶仃航道	1	0.00	0.00	0.00	0.00	0.00	0.00	0.00	0.00	0.00	0.00	0.00	0.00
	2	0.00	0.00	0.00	0.00	0.00	0.00	0.00	0.00	0.00	0.00	0.00	0.00
	3	0.00	0.00	0.00	0.00	0.00	0.00	0.00	0.00	0.00	0.00	0.00	0.00
	4	0.00	0.00	0.00	0.00	0.00	0.00	0.00	0.00	0.00	0.00	0.00	0.00
规划区西侧近岸	5	0.00	0.00	0.00	0.00	0.00	0.00	0.00	0.00	0.00	0.00	0.00	0.00
	6	0.00	0.00	0.00	0.00	0.00	0.00	0.00	0.00	0.00	0.00	0.00	0.00
	7	0.00	0.00	0.00	0.00	0.00	0.00	0.00	0.00	0.00	0.00	0.00	0.00
	8	0.00	0.00	0.00	0.00	0.00	0.00	0.00	0.00	0.00	0.00	0.00	0.00
茅洲河河口	9	—	—	—	—	—	—	-0.62	-0.61	-0.47	-0.44	-0.42	-0.29
	10	0.02	0.02	0.04	0.01	0.01	0.02	0.23	0.22	0.20	0.16	0.16	0.13
规划区附近	11	-0.29	-0.23	-0.17	-0.18	-0.15	-0.09	-0.46	-0.41	-0.28	-0.32	-0.28	-0.19
	12	0.03	0.00	0.00	0.02	0.00	0.00	-0.01	-0.01	-0.01	0.00	0.00	0.00
	13	-0.15	-0.02	-0.01	-0.09	-0.01	0.00	-0.13	-0.02	-0.01	-0.09	-0.01	0.00
	14	-0.03	0.00	0.00	-0.02	0.00	0.00	-0.01	0.00	0.00	0.00	-0.01	0.00
规划区下游	15	0.00	0.00	0.00	0.00	0.00	0.00	0.00	0.00	0.00	0.00	0.00	0.00

表 6.1-15　"2005 年 6 月+2 年一遇洪水"组合流速变化统计表（物理模型）

单位：m/s

位置	采样点	涨潮最大流速变化值 f1	f2	f3	涨潮平均流速变化值 f1	f2	f3	落潮最大流速变化值 f1	f2	f3	落潮平均流速变化值 f1	f2	f3
伶仃航道	1	0.00	0.00	0.00	0.00	0.00	0.00	0.00	0.00	0.00	0.00	0.00	0.00
	2	0.00	0.00	0.00	0.00	0.00	0.00	0.00	0.00	0.00	0.00	0.00	0.00
	3	0.00	0.00	0.00	0.00	0.00	0.00	0.00	0.00	0.00	0.00	0.00	0.00
	4	0.00	0.00	0.00	0.00	0.00	0.00	0.00	0.00	0.00	0.00	0.00	0.00
规划区西侧近岸	5	0.00	0.00	0.00	0.00	0.00	0.00	0.00	0.00	0.00	0.00	0.00	0.00
	6	0.00	0.00	0.00	0.00	0.00	0.00	0.00	0.00	0.00	0.00	0.00	0.00
	7	0.00	0.00	0.00	0.00	0.00	0.00	0.00	0.00	0.00	0.00	0.00	0.00
	8	0.00	0.00	0.00	0.00	0.00	0.00	0.00	0.00	0.00	0.00	0.00	0.00
茅洲河河口	9	-0.08	-0.07	-0.05	-0.05	-0.04	-0.03	-0.10	-0.10	-0.08	-0.07	-0.07	-0.05
	10	0.04	0.04	0.08	0.03	0.03	0.05	0.03	0.03	0.15	0.02	0.02	0.09
	11	-0.11	-0.10	-0.07	-0.07	-0.06	-0.04	-0.16	-0.11	-0.03	-0.09	-0.07	-0.01
规划区附近	12	0.02	0.00	0.00	0.01	0.00	0.00	0.02	0.02	0.01	0.01	0.01	0.00
	13	-0.16	0.00	0.00	-0.09	0.00	0.00	-0.21	-0.02	0.00	-0.13	-0.01	0.00
	14	-0.01	0.00	0.00	0.00	0.00	0.00	-0.01	0.00	0.00	0.00	0.00	0.00
规划区下游	15	0.00	0.00	0.00	0.00	0.00	0.00	0.00	0.00	0.00	0.00	0.00	0.00

表 6.1－16

2001 年 2 月组合流速变化统计表（物理模型）

单位：m/s

位置	采样点	涨潮最大流速变化值			涨潮平均流速变化值			落潮最大流速变化值			落潮平均流速变化值		
		f1	f2	f3	f1	f2	f3	f1	f2	f3	f1	f2	f3
伶仃航道	1	0.00	0.00	0.00	0.00	0.00	0.00	0.00	0.00	0.00	0.00	0.00	0.00
	2	0.00	0.00	0.00	0.00	0.00	0.00	0.00	0.00	0.00	0.00	0.00	0.00
	3	0.00	0.00	0.00	0.00	0.00	0.00	0.00	0.00	0.00	0.00	0.00	0.00
	4	0.00	0.00	0.00	0.00	0.00	0.00	0.00	0.00	0.00	0.00	0.00	0.00
规划区西侧近岸	5	0.00	0.00	0.00	0.00	0.00	0.00	0.00	0.00	0.00	0.00	0.00	0.00
	6	0.00	0.00	0.00	0.00	0.00	0.00	0.00	0.00	0.00	0.00	0.00	0.00
	7	0.00	0.00	0.00	0.00	0.00	0.00	0.00	0.00	0.00	0.00	0.00	0.00
	8	0.00	0.00	0.00	0.00	0.00	0.00	0.00	0.00	0.00	0.00	0.00	0.00
茅洲河河口	9	−0.04	−0.04	−0.02	−0.02	−0.02	−0.01	−0.10	−0.10	−0.08	−0.06	−0.06	−0.05
规划区附近	10	0.03	0.03	0.06	0.02	0.02	0.04	0.08	0.08	0.12	0.05	0.05	0.07
	11	−0.16	−0.08	−0.04	−0.11	−0.05	−0.02	−0.18	−0.13	−0.09	−0.11	−0.08	−0.06
	12	0.01	0.00	0.00	0.01	0.00	0.00	0.00	0.00	0.00	0.00	0.00	0.00
	13	−0.20	−0.01	0.00	−0.14	0.00	0.00	−0.18	0.00	0.00	−0.12	0.00	0.00
	14	−0.04	−0.02	−0.01	−0.02	−0.01	0.00	0.00	0.00	0.00	0.00	0.00	0.00
规划区下游	15	0.00	0.00	0.00	0.00	0.00	0.00	0.00	0.00	0.00	0.00	0.00	0.00

河 2 年一遇洪水时，最大流速增加 0.04～0.15m/s；伶仃洋中洪水大潮遭遇茅洲河 100 一遇洪水时，最大流速增加 0.02～0.23m/s；枯水大潮时，最大流速增加 0.03～0.12m/s。

茅洲河河口下游段附近（11 号测点附近）涨、落潮水流流速均有所减小，伶仃洋洪水大潮遭遇茅洲河 2 年一遇洪水时，最大流速减小 0.03～0.16m/s；中洪水大潮遭遇茅洲河 100 一遇洪水时，最大流速减小 0.17～0.46m/s；枯水大潮时，最大流速减小 0.04～0.18m/s。

规划区西侧附近（13 号测点附近）在方案 1 时受规划区实施挤压影响，涨、落潮流速变化较大，伶仃洋洪水大潮遭遇茅洲河 2 年一遇洪水时，最大流速减小 0.16～0.21m/s；中洪水大潮遭遇茅洲河 100 一遇洪水时，最大流速减小 0.13～0.15m/s；枯水大潮时，最大流速减小 0.18～0.20m/s。其他方案在规划区附近西侧其他区域，涨、落潮水流流速变化较小，一般都在 0.02m/s 以内。

（2）茅洲河河口。规划区上游茅洲河河口（9 号测点），方案 1、方案 2、方案 3 实施后因各方案均占用一部分河道的过水面积，特别是河道深槽被占用，使茅洲河河道内壅水，流速减小。方案 1 涨、落潮最大流速减小值为 0.04～0.62m/s；方案 2 涨、落潮最大流速减小值为 0.04～0.61m/s；方案 3 涨、落潮最大流速减小值为 0.02～0.47m/s。

（3）规划区下游。规划区下游（15 号测点）位于深圳宝安综合港区一期工程南侧水域，由于各方案围填海基本为顺岸，且受宝安码头掩护的影响，该区域涨、落潮流速均无变化。

（4）伶仃航道。伶仃航道流速没有明显变化，规划对伶仃航道的影响很小，规划区与该航道的最小垂直距离约 6.8km，相隔较远。规划实施后，该水域涨、落潮流速无明显变化。

3．综合分析

由数学模型和物理模型流速变化统计成果可以看出，各规划方案实施后，流速发生变化的区域主要集中在规划区域附近，距离越远，则流速变化越小。规划方案实施后，茅洲河河口主槽均被占用，无论涨急与落急时刻，各水文条件下，规划区西北侧水域流速呈现增加趋势，但由于各规划方案占用水域面积与位置的不同，对流速的影响程度和范围存在差异：方案 1 占用水域面积最大，方案 3 占用最小；对流速的影响，方案 1 最大，方案 2 次之，方案 3 最小。

6.1.2.2 流态变化分析

规划实施前后物理模型试验流态（图 6.1-4～图 6.1-7）变化分析如下：

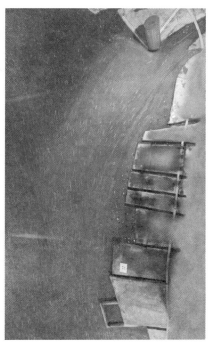

（a）大潮　　　　　　　　　　　　　　（b）小潮

图 6.1-4　现状枯水大潮落急流态（2001 年 2 月）

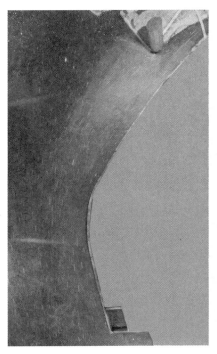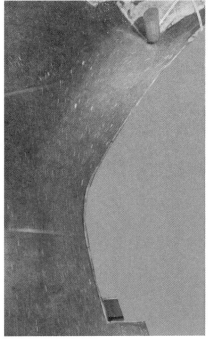

（a）大潮　　　　　　　　　　　　　　（b）小潮

图 6.1-5　方案 1 枯水大潮落急流态（2001 年 2 月）

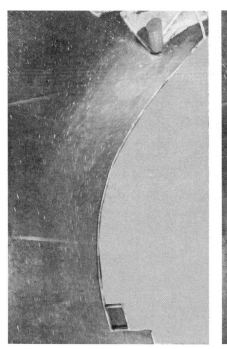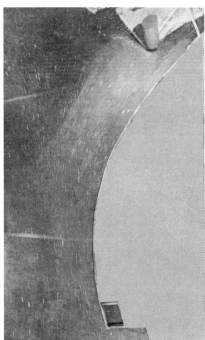

（a）大潮　　　　　　　　　　　　　　　（b）小潮

图 6.1-6　方案 2 枯水大潮落急流态（2001 年 2 月）

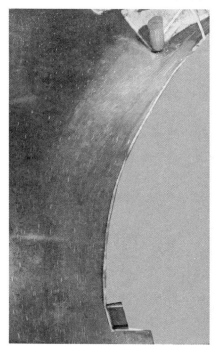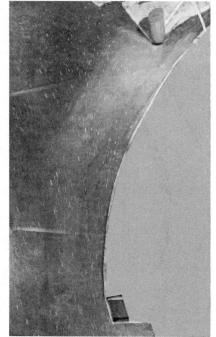

（a）大潮　　　　　　　　　　　　　　　（b）小潮

图 6.1-7　方案 3 枯水大潮落急流态（2001 年 2 月）

1. 现状流态

规划区位于伶仃洋湾顶交椅湾东侧，茅洲河潮流与伶仃洋东槽潮流在此交汇，使得局部流态较为复杂。伶仃洋东槽潮流在交椅湾受东莞长安港区岸线的影响，东槽潮流整体上呈西北—东南方向往复流动，但交椅湾内近岸浅滩涨潮流势强于落潮。

外海涨潮流自暗士顿—矾石水道以北偏西向上溯，至规划区南侧水域，大部分涨潮流继续以北偏西进入虎门，部分涨潮流沿正北向的涨潮通道上溯进入交椅湾。由现状试验照片可见，涨潮流经过宝安港区一期工程后，受其挑流的影响，近岸浅滩和主槽的流势较弱，主流位于主槽西侧浅滩，直至茅洲河河口门附近归于主槽。

虎门落潮流主要通过伶仃西航道所在的主槽下泄，部分落潮流在沙角下游向东偏转进入交椅湾，然后向南偏转顺伶仃洋东槽下泄。茅洲河落潮流受到伶仃洋东槽落潮流的顶托，加上河口主槽的导流，主流位于口门外深槽。当洪水大潮落潮末期，落潮流漫过口门浅滩在浅滩外缘汇入伶仃洋落潮流，口门外主槽以北漫滩水流与伶仃洋落潮流的交汇角度很大；而主流在规划区南端与伶仃洋东岸落潮流交汇，两者交汇角度较小。

总体来看，现状滩槽格局下，规划区西侧的主槽是茅洲河潮流的主要通道，尤其是落急阶段，潮位较低，浅滩的过流较弱，主槽水流集中。

2. 方案1流态

方案1在茅洲河河口东岸理顺了现状不规则岸线，但下游向伶仃洋伸出岸线较远，茅洲河落潮流和伶仃洋落潮流交汇点位置明显上移。

方案1对围填区西侧流态的影响大。落潮时，现状不规则岸线附近的缓流区消失，茅洲河落潮流顺新岸线下泄，原茅洲河河口深槽西北侧浅滩流势显著增强，沿茅洲河下泄主流与伶仃洋落潮流交汇位置明显上移，其在新岸线的导流下，规划区南段西侧近岸附近向西偏转，对东槽落潮流形成一定顶托；涨潮时，因新的岸线沿宝安综合港区一期工程外缘线上沿，涨潮流绕过新的岸线进入茅洲河，涨急时刻在潮流惯性的作用下，涨潮流主流绕进茅洲河河口右侧浅滩，然后向西偏转进入茅洲河，使茅洲河河口右侧浅滩的涨潮流势增强。

3. 方案2流态

方案2理顺了现状不规则岸线，茅洲河落潮流和伶仃洋落潮流交汇点位置略有上移。

方案2实施后，涨、落潮流顺着新岸线进出茅洲河，茅洲河河口北侧浅滩涨、落潮流流势也有所增强。受水域被占用的影响，茅洲河落潮流和伶仃洋落潮流交汇点位置略有北移。

4. 方案 3 流态

方案 3 理顺了现状不规则岸线，茅洲河落潮流和伶仃洋落潮流交汇点位置变化不明显。

方案 3 实施后，茅洲河河口左岸岸线较为顺畅，茅洲河涨、落潮流顺着新岸线进出，茅洲河落潮流和伶仃洋落潮流交汇点位置变化不明显。

5. 综合分析

茅洲河河口深圳侧岸线自南向北由西北向偏转为东北向，茅洲河涨、落潮流在此形成弯道水流，规划方案实施后岸线进一步向西发展，弯道水流的特征进一步凸显。受规划区岸线凸出的挑流作用，茅洲河落潮流和伶仃洋落潮流交汇点有不同程度的北移。方案 1 西端点向西移动距离达 750m，对涨潮流的影响最大，涨急时刻涨潮流在惯性的作用下进一步向西北流动，主流绕过茅洲河河口下游右侧浅滩后进入茅洲河；落潮时在岸线的挑流作用下，落潮流对东槽落潮流形成一定顶托，规划区南端以西流向向西偏转。方案 2 西端点向西移动距离为 490m，对流态的影响较方案 1 显著减小。方案 3 西端点向西移动距离为 280m，变化相对较小。各规划方案实施后，变化较明显的区域主要位于规划区西侧附近水域，其余水域流态变化不明显，距离规划区越远，流态变化越小。

6.1.2.3　河道水流动力轴线的变化分析

各规划方案实施后，伶仃洋东、西槽流速、流向变化很小，流速和流态变化主要集中在规划区所在水域及茅洲河河口附近，对伶仃洋东、西槽动力轴线影响很小，对进出茅洲河的潮流影响较大。

各方案占用了茅洲河河口主槽，茅洲河落潮流主流向西偏移，茅洲河河口右侧浅滩流速显著增大，上游段主槽位置水动力轴线向西偏移，而南段岸线对主槽落潮流具有挑流作用，岸线突出的位置动力轴线向西北移动。受岸线的挑流作用影响，方案 1~方案 3 茅洲河河口门外涨潮流主流向西分别偏移 300m、100m、30m；落潮流主流向西分别偏移 340m、120m、50m。对茅洲河河口门外潮流动力轴线的影响，方案 1 最大，方案 2、方案 3 相对较小。

6.1.2.4　河道潮量变化分析

规划区位于伶仃洋东岸，茅洲河河口下游水域。整体来看，由于滩涂规划方案减小了过水面积，导致规划区附近涨、落潮阻力增加，茅洲河河口断面涨、落潮量均呈现减小趋势；受滩涂围填的影响，伶仃洋东部水域纳潮量减小，龙穴东断面、内伶仃东断面、淇澳东断面和金星门断面涨、落潮量均有所减小，龙穴西断面涨、落潮量则略有增加。为分析、评价规划方案实施后对附近水域潮量变化的影响，共布设了11个潮量采样断面（图6.1-1），对模型计算时段内的涨、落潮量进行统计分析，数学模型统计结果见表6.1-17。

表 6.1-17　　　　　　　　规划方案潮量变化统计表（数学模型）

水文组合	位　置	落　潮　量				涨　潮　量			
		f0 /万 m³	变化/%			f0 /万 m³	变化/%		
			f1	f2	f3		f1	f2	f3
1993年6月	虎门断面	159365	−0.04	−0.03	−0.03	142416	−0.06	−0.05	−0.05
	蕉门断面	46315	−0.02	−0.02	−0.01	20586	−0.04	−0.03	−0.03
	洪奇门断面	22639	−0.02	−0.01	0.00	9330	−0.02	−0.02	−0.01
	横门断面	27109	−0.01	0.00	0.00	5414	−0.01	−0.01	0.00
	川鼻水道断面	224574	−0.04	−0.03	−0.03	191745	−0.06	−0.06	−0.05
	茅洲河河口断面	1567	−3.54	−3.44	−2.65	1681	−2.17	−2.18	−1.78
	龙穴东断面	287280	−0.60	−0.48	−0.33	254934	−0.71	−0.58	−0.41
	龙穴西断面	21851	0.04	0.04	0.03	15394	0.10	0.05	0.02
	内伶仃东断面	241274	−0.29	−0.23	−0.16	214151	−0.30	−0.23	−0.16
	淇澳东断面	382566	−0.15	−0.12	−0.08	350287	−0.16	−0.12	−0.08
	金星门断面	35375	−0.03	−0.03	−0.02	34046	−0.06	−0.05	−0.03
2001年2月	虎门断面	637111	−0.02	−0.02	−0.02	576944	−0.04	−0.03	−0.02
	蕉门断面	148988	−0.01	−0.01	−0.01	120353	−0.04	−0.03	−0.02
	洪奇门断面	62300	0.00	0.00	0.00	49122	−0.02	−0.02	−0.01
	横门断面	78565	0.00	0.00	0.00	55880	−0.01	−0.01	0.01
	川鼻水道断面	864541	−0.03	−0.03	−0.02	791158	−0.05	−0.05	−0.04
	茅洲河河口断面	6229	−3.21	−3.11	−2.31	6264	−2.86	−2.84	−2.26
	龙穴东断面	1136459	−0.63	−0.50	−0.35	1049598	−0.68	−0.56	−0.40
	龙穴西断面	78486	0.03	0.03	0.02	65018	0.03	0.03	0.03
	内伶仃东断面	928404	−0.29	−0.23	−0.16	879546	−0.28	−0.22	−0.15
	淇澳东断面	1488891	−0.14	−0.12	−0.08	1403249	−0.14	−0.14	−0.07
	金星门断面	136402	−0.04	−0.03	−0.02	132859	−0.07	−0.05	−0.03

茅洲河河口断面：涨、落潮量均有所减小，3个方案落潮量最大减幅分别为3.54%、3.44%、2.65%，涨潮量最大减幅分别为2.86%、2.84%、

2.26%。

龙穴东、西断面：东侧断面涨、落潮量均有所减小，3个方案落潮量最大减幅分别为0.63%、0.50%、0.35%，涨潮量最大减幅分别为0.71%、0.58%、0.41%。西侧断面涨、落潮量相应增加，最大增幅不超过0.10%。

内伶仃东断面：涨、落潮量均有所减小，3个方案落潮量最大减幅分别为0.29%、0.23%、0.16%；涨潮量最大减幅分别为0.30%、0.23%、0.16%。

川鼻水道断面及东四口门断面：涨、落潮量受规划方案的影响较小，潮量变幅最大不超过0.06%。

由于滩涂的开发利用，附近水域纳潮面积减小，从而使得规划区域附近各断面的涨、落潮量发生了一定的调整。总体来说，受滩涂规划方案影响，茅洲河及伶仃洋东部水域涨、落潮量均有所减小，以茅洲河河口断面潮量变幅较大。受径流影响较大的茅洲河河口断面落潮量变幅大于涨潮量，受潮流影响较大的伶仃洋东部水域涨潮量变幅大于落潮量。对潮量的影响以方案1最大，方案2次之，方案3最小，茅洲河河口断面枯水期涨潮量最大减幅为2.86%，龙穴东断面涨潮量最大减幅为0.71%。

6.1.3 冲刷与淤积分析

6.1.3.1 对水域含沙量影响分析

对规划区附近的交椅湾水域来说，洪季悬沙含量明显比枯季高，其平面分布有如下特征：①西北面的凫洲水道汇川鼻深槽出口水域及交椅湾水域悬沙含量相对较高，一般为0.10~0.40kg/m³；②规划区所在近岸浅滩水域，由于水动力较弱，虎门及凫洲水道下泄部分水沙易在此富集，水体悬沙含量较高，一般为0.10~0.30kg/m³；③规划区以南的东滩，易受矾石水道涨潮流影响，出现0.10~0.15kg/m³的相对较低值。枯季时，规划区附近水域表层悬沙分布较为均匀，总体含沙量较低，规划区附近及交椅湾内浅滩水域，悬沙含量一般为0.10~0.15kg/m³。

各规划方案实施前后水体含沙量的变化见表6.1-18和表6.1-19。计算结果表明，规划方案实施导致局部水域含沙量有所改变，主要集中在规划区西侧的茅洲河河口水域，而伶仃洋水域含沙场总体格局没有大的改变。各规划方案下，规划区西侧受过水面积减少、潮流通道集中的影响，悬沙输送能力加强，含沙量有所加大；规划实施对伶仃洋西部水域含沙量的影响较小。

表6.1-18　规划方案实施后含沙量变化统计表（数学模型，1999年7月中洪水）

单位：kg/m³

位置	采样点	全平均 f0	f1	f2	f3	落最大 f0	f1	f2	f3	涨最大 f0	f1	f2	f3
茅洲河河口	1	0.175	-0.011	-0.011	-0.009	0.226	-0.016	-0.016	-0.013	—	—	—	—
	4	0.215	-0.007	-0.007	0.011	0.311	-0.027	-0.027	0.004	—	—	—	—
	13	0.166	0.054	0.054	0.036	0.216	0.158	0.158	0.109	—	—	—	—
茅洲河	2	0.210	-0.012	-0.012	-0.008	0.280	-0.025	-0.025	-0.013	—	—	—	—
	3	0.106	-0.007	-0.007	-0.005	0.143	-0.020	-0.020	-0.015	—	—	—	—
规划区近岸	5	0.159	0.013	0.015	0.039	0.267	-0.038	-0.029	0.066	0.155	0.061	0.062	0.115
	6	0.149	0.001	0.014	0.021	0.233	-0.044	-0.016	0.043	0.185	0.012	0.034	0.052
	7	0.151	-0.007	0.005	0.007	0.193	-0.009	0.047	0.039	0.194	-0.007	0.033	0.028
	8	0.146	-0.011	0.000	0.003	0.195	-0.035	0.001	0.010	0.189	-0.028	-0.002	0.005
下游宝安港区近岸	9	0.144	0.001	0.002	0.002	0.166	0.001	0.009	0.009	0.176	0.002	0.007	0.007
	10	0.147	0.002	0.002	0.001	0.164	0.005	0.005	0.004	0.182	0.004	0.004	0.004
下游深圳机场近岸	11	0.131	0.000	0.000	0.000	0.145	0.000	0.000	0.000	0.153	0.002	0.002	0.002
	12	0.130	0.000	0.000	0.000	0.152	0.001	0.001	0.001	0.152	0.001	0.001	0.001
上游东莞长安港区及沙角电厂近岸	14	0.142	0.000	0.000	0.000	0.186	0.001	0.001	0.001	0.188	0.001	0.001	0.001
	15	0.130	0.000	0.001	0.000	0.155	0.001	0.001	0.000	0.181	0.001	0.001	0.001
	16	0.095	0.000	0.000	0.000	0.125	0.000	0.000	0.000	0.134	0.000	0.000	0.000
内伶仃岛东部水域	17	0.147	0.011	0.011	0.007	0.177	0.094	0.093	0.058	0.186	0.094	0.094	0.050
	18	0.134	0.002	0.001	0.000	0.154	0.004	0.003	0.002	0.156	0.002	0.001	0.001
	19	0.134	0.000	0.001	0.000	0.158	0.001	0.001	0.001	0.157	0.001	0.001	0.001
	20	0.130	0.000	0.000	0.000	0.159	0.001	0.002	0.001	0.156	0.000	0.000	0.000
矾石水道	21	0.112	0.001	0.001	0.001	0.169	0.001	0.001	0.001	0.170	0.001	0.001	0.001
	22	0.104	0.000	0.000	0.000	0.160	0.000	0.000	0.000	0.156	0.001	0.000	0.000
	23	0.109	0.000	0.000	0.000	0.177	0.000	0.000	0.000	0.142	0.000	0.000	0.000
	24	0.113	0.000	0.000	0.000	0.187	0.000	0.000	0.000	0.153	0.000	0.000	0.000

续表

位　置	采样点	全平均				落最大				涨最大			
		f0	f1	f2	f3	f0	f1	f2	f3	f0	f1	f2	f3
广州港出海航道	25	0.209	0.000	0.000	0.000	0.446	0.000	0.000	0.000	0.418	0.000	0.000	0.000
	26	0.165	0.000	0.000	0.000	0.359	0.000	0.000	0.000	0.331	0.000	0.000	0.000
	27	0.143	0.000	0.000	0.000	0.262	0.000	0.000	0.000	0.231	0.000	0.000	0.000
	28	0.118	0.000	0.000	0.000	0.191	0.000	0.000	0.000	0.180	0.000	0.000	0.000

注　"全平均"指计算时段内的全潮平均含沙量;"落最大"指计算时段内最大落潮含沙量;"涨最大"指计算时段内最大涨潮含沙量;"变化值"指规划实施前后的差值。

表 6.1－19　规划方案实施后含沙量变化统计表(数学模型,2001 年 2 月枯水)　单位:kg/m³

位　置	采样点	全平均				落最大				涨最大			
		f0	f1	f2	f3	f0	f1	f2	f3	f0	f1	f2	f3
茅洲河河口	1	0.064	0.017	0.017	0.015	0.098	0.028	0.029	0.026	0.110	0.067	0.068	0.048
	4	0.096	0.010	0.010	0.009	0.131	0.004	0.005	0.003	0.146	0.013	0.013	0.009
	13	0.117	0.001	0.001	0.000	0.148	0.002	0.002	0.001	0.178	0.001	0.001	0.001
茅洲河	2	0.076	0.007	0.007	0.006	0.119	0.008	0.008	0.007	0.140	0.017	0.017	0.015
	3	0.057	0.005	0.005	0.004	0.115	0.012	0.012	0.009	0.134	0.020	0.020	0.016
规划区近岸	5	0.108	0.009	0.011	0.012	0.133	0.017	0.015	0.013	0.148	0.013	0.011	0.011
	6	0.115	0.005	0.011	0.011	0.135	0.007	0.013	0.015	0.142	0.002	0.015	0.014
	7	0.124	−0.005	0.003	0.004	0.137	−0.007	0.002	0.003	0.147	−0.010	0.002	0.002
	8	0.126	−0.005	0.000	0.001	0.139	−0.007	0.001	0.001	0.150	−0.005	0.004	0.004

续表

位　置	采样点	全平均				落最大				涨最大			
		f0	变化值			f0	变化值			f0	变化值		
			f1	f2	f3		f1	f2	f3		f1	f2	f3
下游宝安港区近岸	9	0.125	0.005	0.005	0.005	0.138	0.002	0.002	0.002	0.151	0.006	0.005	0.005
	10	0.125	0.002	0.002	0.002	0.137	0.001	0.001	0.001	0.151	0.006	0.005	0.005
下游深圳机场近岸	11	0.107	0.000	0.000	0.000	0.116	0.001	0.001	0.001	0.124	0.002	0.002	0.002
	12	0.117	0.000	0.000	0.000	0.129	0.000	0.000	0.000	0.142	0.001	0.000	0.000
上游东莞长安港区及沙角电厂近岸	14	0.117	0.000	0.000	0.000	0.148	0.001	0.001	0.000	0.153	0.001	0.001	0.000
	15	0.103	0.000	0.000	0.000	0.127	0.000	0.000	0.000	0.140	0.000	0.000	0.000
	16	0.067	0.000	0.000	0.000	0.082	0.000	0.000	0.000	0.090	0.000	0.000	0.000
内伶仃岛东部水域	17	0.125	0.000	0.000	0.000	0.142	0.003	0.003	0.002	0.141	0.000	0.000	0.000
	18	0.127	0.001	0.001	0.000	0.134	0.001	0.001	0.000	0.142	0.000	0.000	0.000
	19	0.129	0.000	0.000	0.000	0.139	0.001	0.001	0.000	0.147	0.000	0.000	0.000
	20	0.128	0.000	0.000	0.001	0.138	0.001	0.001	0.000	0.148	0.000	0.000	0.000
矾石水道	21	0.113	0.001	0.001	0.001	0.137	0.001	0.001	0.000	0.138	0.002	0.002	0.001
	22	0.114	0.001	0.000	0.000	0.133	0.001	0.000	0.000	0.139	0.001	0.001	0.000
	23	0.116	0.000	0.000	0.000	0.137	0.000	0.000	0.000	0.135	0.000	0.000	0.000
	24	0.113	0.000	0.000	0.000	0.142	0.000	0.000	0.000	0.133	0.000	0.000	0.000
广州港出海航道	25	0.099	0.000	0.000	0.000	0.121	0.000	0.000	0.000	0.126	0.000	0.000	0.000
	26	0.105	0.000	0.000	0.000	0.120	0.000	0.000	0.000	0.125	0.000	0.000	0.000
	27	0.112	0.000	0.000	0.000	0.126	0.000	0.000	0.000	0.131	0.000	0.000	0.000
	28	0.107	0.000	0.000	0.000	0.122	0.000	0.000	0.000	0.125	0.000	0.000	0.000

注　"全平均"指计算时段内的全潮平均含沙量值; "落最大"指计算时段内最大落潮含沙量; "涨最大"指计算时段内最大涨潮含沙量; "变化值"指规划实施前后的差值。

规划方案实施后，围填区西侧洪、枯季平均含沙量略有增加，洪季增加值为 $0.001\sim0.054\text{kg/m}^3$，枯季增加值为 $0.001\sim0.012\text{kg/m}^3$；茅洲河及其河口洪季平均含沙量减小，减小值为 $0.005\sim0.012\text{kg/m}^3$，枯季平均含沙量增加，增加值为 $0.004\sim0.017\text{kg/m}^3$；围填区下游宝安港区及深圳机场区域洪、枯季平均含沙量均有所增加，增幅不超过 0.005kg/m^3；伶仃洋其他水域平均含沙量基本不变。

总体看来，由于各规划方案处于内凹形弱动力区，不是伶仃洋主要的水沙输送通道，因此方案实施引起的伶仃洋区域总体含沙量变化较小，含沙量变化相对较大的区域局限于规划区局部的茅洲河河口及围填区西侧近岸水域，方案1影响最大，方案2次之，方案3影响最小。

6.1.3.2 对河床冲淤的影响分析

对规划方案实施引起的河床冲淤变化进行统计分析，冲淤统计分区如图6.1-8所示，冲淤统计结果见表6.1-20。

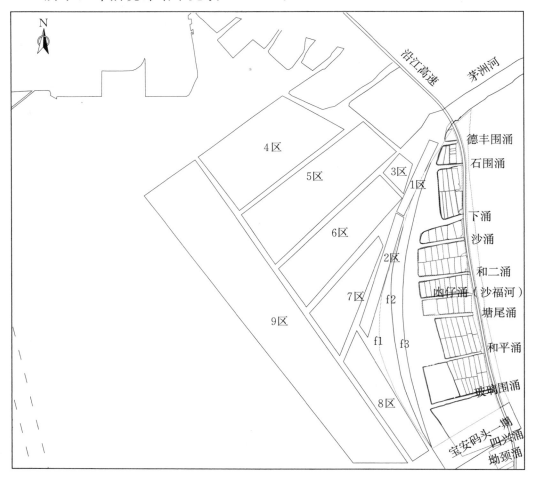

图 6.1-8　规划方案实施引起的冲淤统计分区

表 6.1 – 20　　　　　　规划方案实施后规划区附近冲淤变化分区统计　　　　　单位：m/a

分区号	位　　置		冲淤厚度				变化值		
			f0	f1	f2	f3	f1－f0	f2－f0	f3－f0
1	规划区近岸区域	上段	−0.132	−0.107	−0.107	−0.145	0.025	0.025	−0.013
2		中下段	0.001	0.068	0.084	0.103	0.067	0.083	0.102
3	茅洲河河口北汊上段		−0.021	−0.365	−0.365	−0.248	−0.344	−0.344	−0.227
4	茅洲河河口北侧浅滩		0.038	0.105	0.105	0.082	0.067	0.067	0.044
5			0.136	0.296	0.294	0.257	0.160	0.158	0.121
6	茅洲河河口北汊延伸段		0.086	0.161	0.159	0.143	0.075	0.073	0.057
7	规划区中部以西		0.038	0.080	0.082	0.080	0.042	0.044	0.042
8	规划区南部以西		0.047	0.063	0.063	0.061	0.016	0.016	0.014
9	规划区西侧远区		0.006	0.004	0.006	0.006	−0.002	0.000	0.000

各规划方案实施一年后，与规划实施前相比，周边河床冲淤厚度变化较小，变化仅局限于规划区西侧中上部的茅洲河河口，主槽−3.0m 等高线内水域被侵占，交椅湾浅滩−1.5m 等高线略向外海推进。

规划方案实施前，茅洲河河口−3.0m 槽道全线贯通，主槽处于微冲态势，主槽西北侧的交椅湾浅滩呈现淤积趋势。规划方案实施后，不同程度地占据了茅洲河河口槽道，规划区近岸区域上段方案 1 和方案 2 下冲刷强度减弱，方案 3 下冲刷强度与现状基本持平；中下段淤积加强，河口−3.0m 槽道消失。茅洲河沿主槽往河口西南向的输沙能力减弱，更多水沙往主槽以北的浅滩输移，导致茅洲河河口北侧的交椅湾浅滩淤积增加较为明显；受围填影响，规划区西侧近岸流速减小，淤积加强；距离规划区稍远的伶仃洋东滩基本不受影响；伶仃洋东部−6m 等高线不变，规划方案对伶仃洋东槽稳定基本没有影响。

根据分区统计结果，规划方案实施后，规划区近岸区域上段（1区）整体仍表现为冲刷，方案 1 和方案 2 下冲刷强度减弱，冲刷厚度减小值均为 0.025 m/a，方案 3 冲刷强度与现状基本持平；规划区近岸区域中下段（2区）淤积加强，现状淤积强度为 0.001m/a，方案 1、方案 2、方案 3 实施后淤积强度分别为 0.068m/a、0.084m/a、0.103m/a；茅洲河河口北汊上段（3区）冲刷强度增加，现状冲刷强度为 0.021m/a，方案 1、方案 2、方案 3 实施后冲刷强度分别为 0.365m/a、0.365m/a、0.248m/a；茅洲河河口北侧浅滩（4区、5区）淤积有加强趋势，现状最大淤积厚度为 0.136m/a，方案 1、方案 2、方案 3 实施后淤积厚度分别为 0.296m/a、0.294m/a、0.257m/a；

茅洲河河口北汊延伸段（6 区）呈现淤积加强的趋势，现状淤积强度为 0.086m/a，方案 1、方案 2、方案 3 实施后淤积厚度分别为 0.161m/a、0.159m/a、0.143m/a；规划区西侧近岸（7 区、8 区）淤积加强，以围垦岸线凸出位置西侧的 7 区增加较为明显，方案 1、方案 2、方案 3 下淤积厚度较现状（0.038m/a）分别增加了 0.042m/a、0.044m/a、0.042m/a；距离规划区稍远的伶仃洋东滩基本不受影响。

为分析规划方案对宝安港区的影响，统计其前沿约 800m 宽水域的冲淤变化。计算结果表明，各规划方案都对宝安港区的河床演变影响很小，方案间差异在 0.01m 以内。

因此，综合来看，由于各规划方案处于凹形湾弱流区，方案实施引起周边的水沙环境变化主要局限于茅洲河河口主槽及交椅湾浅滩处，表现为冲刷强度减弱、淤积强度加大。总体上看方案 1 影响最大，方案 2 次之，方案 3 影响最小，规划对其他范围的河床演变则影响较小，对伶仃洋水域的整体滩槽稳定影响不大，但对茅洲河河口局部的河势稳定有一定影响，茅洲河河口 -3.0m 槽道消失会对茅洲河泄洪纳潮产生不利影响。

6.1.4　滩槽和河岸线变化分析

伶仃洋东侧现状岸线走向在宝安码头一期工程现状沿线北端点处出现拐点，以南岸线走向为东南向，以北逐渐向西偏转，和东莞长安港区岸线形成了湾中湾。根据遥感分析，规划区在内的交椅湾围区（A—B 区）在 1978—2015 年围垦面积为 20.92km²。从岸线围垦开发的时间分布来看，1988—1999 年开发强度最大，围垦面积达 14.11km²；1999—2009 年开发强度减小，围垦面积达 3.73km²；2009 年后至今岸线基本不变。

1977 年现状岸线外的水域水深较大，无明显的主槽；至 1988 年河床逐渐淤高，且在现状主槽的位置出现槽道；至 2000 年，主槽逐渐冲深，-3m 等高线形成；至 2011 年，伶仃洋东侧 -3m 等高线向海推进，浅滩区 -3m 等高线基本贯通。从历年等高线变化来看，茅洲河河口外的主槽位置略有西偏。

从 2011 年水下地形等高线可以看出，茅洲河河口外形成了近似的"两槽三滩"格局，南槽为主，北槽为支。茅洲河 -3m 主槽在河口断面上游 900m 处存在拐点，其上游主槽走向为西南向，其下游主槽向南偏转，以南偏西 10° 向下游延伸；至下涌口外贴近围填区岸线后向西偏转，以南偏西 30° 向下游延伸与伶仃洋东滩 -3m 等高线连接。

规划方案实施后的主要变化如下：

（1）各方案新规划岸线伸出距离差别显著，方案 1～方案 3 与现状西端点之间东西向距离分别为 750m、490m、280m。方案 1～方案 3 理顺了现状不规则岸线，西侧外缘线起始点相同，即从宝安码头西北角至茅洲河大桥附近，与现状岸线距离分别为 1090m、850m、680m（位于和平涌口）。新岸线走向均由由南侧的西北—东南走向转变为东北—西南走向，岸线走向转变过程中形成一个西端点。现状岸线西端点位于和二涌和沙涌之间，宝安码头西北角至茅洲河大桥之间的岸线东西长仅 330m，方案 1～方案 3 与现状西端点之间距离分别为 750m、490m、280m。

（2）各方案均占用茅洲河河口外现状主槽，茅洲河河口外右侧浅滩流速增大，冲刷增强。方案 1 西侧外缘线西端处于伶仃洋东滩—3m 等高线附近，向北跨过主槽，经中部浅滩—1m 等高线后，再跨过主槽；方案 2 西端点位于—2m 等高线附近，其北段岸线与方案 1 相同；方案 3 整体靠近现状岸线，其北段岸线位于深槽以西—2m 等高线附近。由壅水计算结果可知，各方案均造成茅洲河洪水低低潮位抬升 0.352m 以上，不利于茅洲河泄洪，而短期内河口外难以形成新的槽道，因此需要适当疏浚形成新的槽道。

6.1.5　河势影响分析

规划方案实施将改变现有岸线和滩槽格局，导致附近河道水动力环境的改变，形成新的河床冲淤条件，引起周边河床出现调整，从规划方案对水动力状况、冲刷和淤积等方面综合分析规划方案对河势的影响。

规划方案实施后，茅洲河及伶仃洋东部水域纳潮量减小，以茅洲河河口断面潮量减幅较大，茅洲河河口洪、枯水期涨潮量最大减幅为 2.86%，龙穴岛东断面枯水期涨潮量最大减幅为 0.71%，对潮量的影响以方案 1 最大，方案 2 次之，方案 3 最小。

规划方案实施后，距离规划区越远，流场变化越小，对流场的影响集中在规划区西侧附近水域。规划区占用了茅洲河河口外主槽，导致主槽以西浅滩流势增强，在规划区北段岸线导流作用下，规划区南侧原主槽位置的流势有所减弱，规划区西侧浅滩水域流速最大增加值约 0.33m/s，宝安港区前沿水域流速变化值基本不超过 0.06m/s。茅洲河落潮流和伶仃洋落潮流交汇点不同程度北移，因方案 1 伸出岸线距离最大，交汇点北移的距离最为明显。从流场变化的范围和流速的变化幅度来看，以方案 1 影响最大，方案 2 次之，方案 3 最小。

规划方案实施前，茅洲河河口—3.0m 槽道全线贯通，主槽处于微冲态势，主槽西北侧的交椅湾浅滩呈现淤积趋势。规划方案实施后，规划方案近岸区域上段方案 1 和方案 2 下冲刷强度减弱，方案 3 下冲刷强度与现状基本持平；中下段淤积加强，河口－3.0m 槽道消失。茅洲河沿主槽输沙通道被占用，更多水沙往主槽以西的浅滩输移，导致茅洲河河口西侧的交椅湾浅滩淤强增加较为明显；围填区西侧近岸流速减小，淤积加强；距离规划区稍远的伶仃洋中滩和东槽基本不受影响。

综合规划方案对潮量分配、流速、流态、冲淤的影响分析可知，规划方案对于茅洲河泄洪纳潮有一定影响，流速、流态影响集中在规划区西侧水域，对其他水域影响较小，规划方案对规划区附近冲淤变化影响局限于围填区西侧中上部的茅洲河河口主槽及交椅湾浅滩。就影响范围和程度而言，方案 1 最大，方案 2 次之，方案 3 最小。因此，规划方案主要对规划区附近局部水域河势有所影响，而对于伶仃洋整体河势影响较小。

6.2　规划方案对比分析

6.2.1　占用水域情况

深圳市海洋新兴产业基地拟开发的滩涂位于伶仃洋东岸、茅洲河河口至宝安港区一期工程之间，开发区中大部分利用已围垦的鱼塘（面积为 4.43km^2）外，另需新占用水域，各方案占用水域情况参见表 6.2-1。方案 1、方案 2、方案 3 拟开发面积分别为 8.06km^2、7.44km^2、6.65km^2，新占用水域面积为 3.64m^2、3.01m^2、2.22m^2。方案 1 西端点位于－3m 等高线附近，经过茅洲河河口主槽西侧－1m、－2m 等高线，与现状西端点之间距离为 750m；方案 2 西端点位于－1.5m 等高线附近，经过茅洲河河口主槽西侧－1m、－2m 等高线，与现状西端点之间距离为 490m；方案 3 西端点位于－1.5m 等高线附近，通过茅洲河河口主槽西侧－2m 等高线，与现状西端点之间距离为 280m。经各方案比较，占用水域越靠近深槽区，占用水域的河床平均高程越低，方案 1、方案 2、方案 3 占用水域的河床平均高程分别为－1.70m、－1.52m、－1.29m。

表 6.2-1　　　　　　　　　各方案占用水域情况

方　案	方案 1	方案 2	方案 3
开发总面积/km^2	8.06	7.44	6.65
新占用水域面积/km^2	3.64	3.01	2.22
河床平均高程/m	－1.70	－1.52	－1.29
0m 以下水体容积/万 m^3	620	458	286

6.2.2 水动力条件影响分析

根据物理模型和数学模型计算成果综合分析，综合规划方案对壅水、潮量、流速、流态、冲淤的影响分析可知，规划方案对泄洪纳潮、河势的影响具有一致性，规划实施将导致伶仃洋东侧纳潮量减少、茅洲河洪水位抬升和茅洲河与伶仃洋潮流交汇点北移等，根据影响范围和程度的差异，对比分析如下：

（1）规划实施将造成伶仃洋东侧纳潮量减少，导致伶仃洋东岸的潮汐动力略有减弱，方案1～方案3实施后龙穴岛东断面涨潮量减幅分别为0.71%、0.58%、0.41%，方案1影响最为不利。

（2）规划方案实施后，西侧边界与现状边界距离分别为750m、490m、280m，茅洲河潮流的流程增加，茅洲河河口外潮流动力轴线向西摆动，与伶仃洋潮流的交汇点北移，且交会角增大。由流态图对比分析可知，方案1落潮时，因主槽被占用，茅洲河落潮流顺新岸线下泄，茅洲河河口下游右侧浅滩流势显著增强，在新岸线的导流下沿茅洲河落潮流与伶仃洋落潮流交汇位置明显上移，且规划区南段西侧近岸附近潮流向西偏转，对东槽落潮流形成一定顶托；涨潮时，因新的岸线沿宝安综合港区一期工程外缘线上沿，涨潮流绕过新的岸线进入茅洲河，涨急时刻在潮流惯性的作用下，涨潮流主流绕进茅洲河河口右侧浅滩，然后向西偏转进入茅洲河，使茅洲河河口右侧浅滩的涨潮流势增强。由此可见，方案1西端点已突入伶仃洋东槽−3～−4m等高线附近，茅洲河涨、落潮流对伶仃洋东岸涨、落潮流具有一定的顶托作用，不利于伶仃洋东槽的稳定；方案2、方案3西端点处于−2～−3m等高线以内，对伶仃洋东槽影响相对较小。

（3）规划实施将占用茅洲河河口主槽，占用茅洲河潮流通道面积，造成茅洲河百年一遇洪水高高潮位抬升0.04～0.06m，相差不大；但在口外新槽道未形成的情况下，洪、枯水低低潮位抬升明显。鉴于规划方案占用现状主槽，而新的主槽在短期内难以形成，为了确保泄洪和排涝安全，在规划实施的同时需要进行茅洲河河口整治。

综上各方案影响计算结果及其分析，方案1西侧外缘线南段向西北向延伸较多，其西端点位于现状−3m等高线附近，占用面积最大，对伶仃洋纳潮量，茅洲河涨、落潮流与伶仃洋东槽潮流交汇影响较大，对东槽落潮流形成一定顶托，不利于伶仃洋东槽的稳定；方案2、方案3对伶仃洋东槽的影响相对较小。从各方案对伶仃洋河势稳定来看，方案2、方案3均可接受，但均存在茅洲河洪水位抬升的问题，需要进行茅洲河河口泄洪整治。

茅洲河作为深圳市和东莞市的界河，两市均提出了滩涂开发利用的需求，茅洲河河口进一步延伸成为必然。茅洲河的延伸首先需要确保防洪安全，维持水体交换能力。随着茅洲河河口滩槽的河道化后，适当的疏浚可提高泄洪排涝和水体交换能力。

6.2.3　与规划的符合性分析

目前该区域滩涂方面的控制性规划有《珠江河口综合治理规划》和《广东省珠江河口滩涂保护与开发利用规划》，涉及的控制线有《广东省珠江河口滩涂保护与开发利用规划》开发利用线和《珠江河口综合治理规划》开发利用岸线。

各规划方案与滩涂控制线的关系见表6.2-2。

表 6.2-2　　　　　　　　　规划方案与滩涂控制线的关系

方案	《珠江河口综合治理规划》	《广东省珠江河口滩涂保护与开发利用规划》
方案 1	超出开发利用岸线，占用保留区面积约 1.42km²	位于开发利用线内
方案 2	超出开发利用岸线，占用保留区面积约 0.8km²	位于开发利用线内
方案 3	位于开发利用岸线内	位于开发利用线内

6.2.4　生态环境影响分析

方案实施后滩涂开发范围由水域变为陆地，会暂时破坏滩涂生态环境，从而减少生态生物资源和渔业资源，多样性指数较高的水生生物栖息环境将被暂时破坏，使当地人民失去依赖海洋生存的条件。方案实施后，在新建区周边和外围水域会逐渐形成新的生态平衡。从对生态环境的长期影响来看，各开发方案均存在打破原有生态系统、建立新生态平衡的过程。

规划区附近需重点考虑的环境敏感区有海洋渔业资源保护区，幼鱼、幼虾保护区，以及伶仃洋经济鱼类繁育场保护区（表6.2-3）。

表 6.2-3　　　　　　　　　规划区附近海洋生态环境敏感区

类别	敏感区	与规划区的位置关系		敏感时间	保护级别
		方位	最近距离/km		
渔业资源保护区	珠江河口经济鱼类繁育保护区	西	0	农历四月二十至七月二十	—
	幼鱼、幼虾保护区	西	0	每年 3 月 1 日至 5 月 31 日	

珠江河口经济鱼类繁育保护区：范围从珠海市金星门水道的铜鼓角起，经内伶仃岛屿东角咀到深圳市妈湾下角为止三点连线以北，广州市番禺区的莲花山

至东莞市的新沙二点连线以南的水域，保护珠江河口经济鱼类的繁殖和生长；此外，珠江河口还是幼鱼、幼虾保护区。上述区域的保护期均为每年的农历四月二十日至七月二十日。保护期内将禁止除刺网、钓具和笼捕外所有渔业捕捞作业。

幼鱼、幼虾保护区：广东省沿岸由粤东的南澳岛屿至粤西的雷州半岛徐闻县外罗港沿海 20m 水深以内海域，面积约 24000km²，保护期为每年的 3 月 1 日至 5 月 31 日。

从各方案影响程度来看，方案 1、方案 2 和方案 3 均位于环境敏感区内，各方案对珠江河口经济鱼类繁育保护区和幼鱼、幼虾保护区均不会造成大的影响，且 3 个方案间的影响程度无明显区别。

6.2.5　工程效益分析

规划区功能定位为综合性海洋新兴产业基地。根据深圳市基准地价（2013版），宝安区沙井街道商业用地基准地价图中靠海侧基准地价为 2155 元/m²，各开发方案投资和效益比较见表 6.2－4。从表 6.2－4 可以看出，方案 1 和方案 2 的效费比相等，方案 3 的效费比较小，可见方案 1 和方案 2 产生的工程效益大于方案 3。

表 6.2－4　　　　　　　　　　各开发方案投资和效益比较

方案	开发面积 /km²	外海堤线长度 /km	吹填方 /万 m³	工程投资 /亿元	土地效益 /亿元	效费比
方案 1	8.06	6.53	5209	64.88	173.69	2.7
方案 2	7.44	6.37	4749	60.08	160.33	2.7
方案 3	6.65	6.24	4225	54.56	143.31	2.6

6.3　推荐规划方案

将各规划方案在平面布局、水动力条件、与规划的符合性、生态环境、工程效益等多方面的影响情况列于表 6.3－1。

平面布局：方案 1 平面形态上中部岸线比较凸出，中部西端点与现状西端点之间距离为 750m；方案 2 和方案 3 岸线相对比较平顺，其中方案 2 中部西端点与现状西端点之间距离为 490m，其中方案 3 中部西端点与现状西端点之间距离为 280m。方案 1 围填总面积最大，新占用水域面积最大；方案 3 围填总面积最小，新占用水域面积最小；方案 2 居中。

表 6.3 - 1　　　　　　　　　　各规划方案影响对照表

项目		方　案　比　选		
		方案 1	方案 2	方案 3
围填面积 /km²		8.06	7.44	6.65
其中新增水域面积 /km²		3.63	3.01	2.22
占用鱼塘面积/km²		4.43	4.43	4.43
占用河道情况		西侧外缘线起始点相同，自宝安码头西北角至茅洲河大桥，且两度穿过茅洲河河口主槽，规划区基本占用茅洲河河口门外主槽		
		西端点位于-3m 等高线附近，与现状西端点之间距离为 750m，经过主槽西侧-1m、-2m 等高线	西端点位于-1.5m 等高线附近，与现状西端点之间距离为 490m，经过主槽西侧-1m、-2m 等高线	西端点位于-1.5m 等高线附近，与现状西端点之间距离为 280m，经过主槽西侧-2m 等高线
壅水影响		茅洲河 1‰洪水高高潮位、低低潮位分别升高 0.060m、0.459m	茅洲河 1‰洪水高高潮位、低低潮位分别升高 0.059m、0.459m	茅洲河 1‰洪水高高潮位、低低潮位分别升高 0.042m、0.352m
河势影响		茅洲河河口潮流主通道被占，茅洲河河口主槽以西浅滩流势增强，潮流动力轴线向西移动		
	流场变化	南段外缘线位于伶仃洋东槽-3～-4m 等高线，茅洲河和伶仃洋东槽潮流交汇点向西北偏移	南段外缘线位于伶仃洋东槽-2～-3m 等高线，茅洲河和伶仃洋东槽潮流交汇点略有北移	南段外缘线位于伶仃洋东槽-1～-2m 等高线，茅洲河和伶仃洋东槽潮流交汇点略有北移
	纳潮量变化	枯水大潮茅洲河河口断面涨潮量减小 2.86%，龙穴东断面涨潮量减小 0.68%	枯水大潮茅洲河河口断面涨潮量减小 2.84%，龙穴东断面涨潮量减小 0.56%	枯水大潮茅洲河河口断面涨潮量减小 2.26%，龙穴东断面涨潮量减小 0.40%
	河势变化	对伶仃洋东槽有一定影响，茅洲河河口滩槽重新调整，主槽需要逐渐形成	对伶仃洋东槽略有影响，茅洲河河口滩槽重新调整，主槽需要逐渐形成	对伶仃洋东槽略有影响，茅洲河河口滩槽重新调整，主槽需要逐渐形成

项目	方 案 比 选		
	方案1	方案2	方案3
与规划符合性	占用《珠江河河口综合治理规划》中保留区面积1.42km²	占用《珠江河口综合治理规划》中保留区面积0.8km²	未超开发利用岸线
生态环境影响	各方案对珠江河口经济鱼类繁育保护区和幼鱼、幼虾保护区均不会造成大的影响，且3个方案间的影响程度无明显区别。		
工程效益分析	效费比较大	效费比较大	效费比较小

水动力影响：方案1、方案2和方案3对伶仃洋水动力条件影响相似，规划实施将导致伶仃洋东侧纳潮量减少，茅洲河洪水位抬升，以及茅洲河与伶仃洋潮流交汇点北移等，但影响范围和程度存在差异。从对伶仃洋东槽的影响来说，方案1西侧外缘线南段向西北向延伸较多，其西端点位于现状−3m等高线附近，占用面积最大，对伶仃洋纳潮量、茅洲河涨落潮流与伶仃洋东槽潮流交汇影响较大，不利于伶仃洋东槽的稳定，而方案2、方案3对伶仃洋东槽的影响相对较小；从对茅洲河泄洪影响来说，存在茅洲河洪水位抬升的问题，必须进行茅洲河河口泄洪整治，以减小对茅洲河泄洪影响。

与规划的符合性：方案1占用《珠江河口综合治理规划》中保留区面积1.42km²，方案2占用保留区面积0.8km²，方案3位于开发利用区内。

生态环境影响：3个方案对生态环境影响程度相似，无明显区别。

工程效益影响：方案1和方案2可围填的面积较大，经济效益优于方案3。

综合分析，方案2对伶仃洋水动力影响较小，对茅洲河的影响必须通过茅洲河河口泄洪整治（具体分析见第7章）进一步减弱；方案2岸线与深圳宝安综合港区一期工程平顺衔接，岸线平滑，没有明显凸点；方案2围填面积大小合适，最符合经济社会发展需求，且经济效益相对较高，故推荐方案2作为本次滩涂开发利用规划岸线方案，推荐方案平面布置图见图6.3−1。

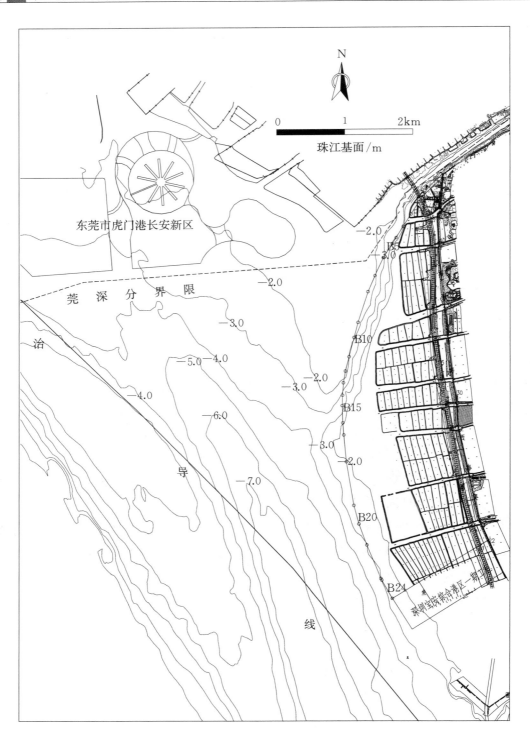

图 6.3-1 深圳市海洋新兴产业基地滩涂利用规划推荐方案平面布置图

第 **7** 章

茅洲河河口泄洪整治研究

7.1 泄 洪 整 治 方 案

7.1.1 规划方案下河槽自然演变研究

物理模型分别对现状、规划方案（即方案2）＋无开挖（现状地形自然冲刷演变模拟）共两个工况进行了动床模型试验，主要研究规划方案实施后茅洲河河口滩槽自然演变状况，分析规划方案实施后茅洲河滩槽的演变趋势。

动床模型试验水文组合为1999年7月中洪水径潮组合（含大、中、小潮）＋2001年2月枯水径潮组合（含大、中、小潮）。1999年7月中洪水组合施测原型时段为1999年7月15日23：00至23日13：00，时段长182小时，合计7天半；2001年2月枯水组合施测原型时段为2001年2月7日17：00至15日7：00，时段长182小时。试验研究通过组合中洪水大潮、枯水大潮潮型进行研究，试验模拟原型时长1年。

模型试验按水流时间比尺控制潮汐水流过程，加沙量和加沙过程则根据不同水文组合、不同断面实测含沙量过程，折算为试验初始值，采用自动加沙系统进行控制。

茅洲河河口西侧为东莞长安新区近岸浅滩，茅洲河河口有一块浅滩（－1m等高线范围），低潮期间露滩，属于茅洲河河口的拦门沙，上游来流较大时在拦门沙两侧分流，落潮主流经过－3m深槽向南下泄；另一支经拦门沙北侧通道向西流淌，再转向南，该流态在潮位较高时较为明显。低潮位时，交椅湾浅滩水流整体向南下泄，北槽分流现象不明显。图 7.1-1 为现状茅洲河河口冲淤演变。

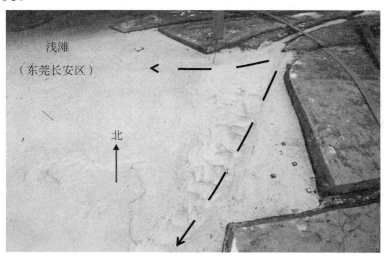

图 7.1-1 现状茅洲河河口冲淤演变

规划方案＋无开挖（现状地形自然冲刷演变模拟）情况下，茅洲河河口现状主槽被围填，在常年洪水作用下，会形成新的主槽，茅洲河河口处主槽靠岸，至下游出口处略微向西偏转，与川鼻水道下泄水流交汇（图 7.1-2）。该方案条件下流态示踪动床试验见图 7.1-3，示踪剂运动轨迹显示茅洲河落潮流基本贴岸向南流动，至下游水深较大处略有扩散。

图 7.1-2 规划方案＋无开挖条件下动床试验（由南向北拍摄）

图 7.1-3　规划方案＋无开挖条件下流态示踪动床试验

　　规划实施后由于岸线外移，无开挖自然冲刷条件下茅洲河河口深泓线外移约 46m，深泓线高程约－3.5m，主槽与现状相比基本保持稳定。位于规划区西侧前沿的伶仃洋区域，因水深较大，自然冲刷条件下河床表现为微冲。规划区下游水域受上游冲刷来沙增加的影响，整体表现为微淤。

7.1.2 泄洪整治方案

根据物理模型试验知，在规划方案的基础上，茅洲河河口主槽仍靠近深圳一侧。考虑到深圳侧岸线的生态绿地，深槽位置至少距离岸线 20m 以上。

根据茅洲河河口现状地形知，茅洲河河口深槽基本位于 $-3m$ 等高线，其中茅洲河（广深沿江高速东侧）$-3m$ 等高线间最大距离约 100m，茅洲河河口段 $-3m$ 等高线间最大距离约 170m，深槽紧靠深圳侧。考虑茅洲河河口现状地形及茅洲河河口处于莞深分界线的特殊性，茅洲河河口初步泄洪整治河长为 4.0km，深槽开挖至 $-4.0m$，上游底宽 150m，下游底宽 200m，边坡 1:7；上游端在广深沿江高速附近与现有深槽平顺衔接，下游端至 $-4m$ 等高线。茅洲河河口泄洪整治方案布置示意图见图 7.1-4。

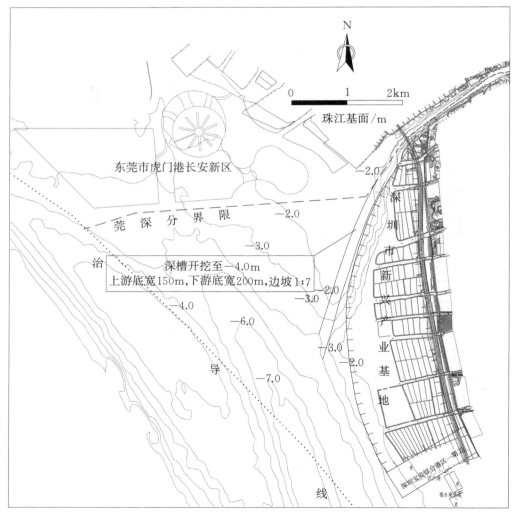

图 7.1-4 茅洲河河口泄洪整治方案布置示意图

7.2　泄洪整治效果分析

　　根据比选论证结果，在滩涂开发利用的同时须进行茅洲河河口泄洪整治。因此，滩涂利用规划推荐方案论证时包含了滩涂开发利用推荐方案（即方案2）和泄洪整治方案（称之为"方案2＋整治"），水文条件与现状边界相同。

7.2.1　潮位变化分析

　　数学模型潮位变化统计成果见表7.2-1～表7.2-4；物理模型潮位变化统计成果见表7.2-5。

表 7.2-1　　　　　**"方案2＋整治"实施后潮位变化统计表**
（数学模型，"1999年7月＋100年一遇洪水"）　　　单位：m

采样点	位　置	高高潮位				低低潮位			
		f0	变化值			f0	变化值		
			f2－f0	整治－f0	整治－f2		f2－f0	整治－f0	整治－f2
1	茅洲河河口	1.448	0.059	0.012	−0.047	−0.049	0.459	−0.020	−0.441
4		1.443	0.001	0.003	0.002	−0.453	0.198	−0.160	−0.358
13		1.434	0.003	0.003	0.000	−0.968	0.173	−0.031	−0.204
2	茅洲河	1.564	0.056	0.011	−0.045	0.565	0.184	−0.156	−0.340
3		1.850	0.045	0.009	−0.036	1.173	0.094	−0.062	−0.156
5	规划区近岸	1.441	−0.001	−0.001	0.000	−0.843	−0.158	−0.176	−0.018
6		1.437	−0.001	−0.001	0.000	−1.244	−0.015	0.008	0.023
7		1.429	−0.001	−0.001	0.000	−1.258	0.002	0.000	−0.002
8		1.424	−0.001	−0.001	0.000	−1.252	−0.001	−0.001	0.000
9	下游宝安港区近岸	1.417	0.001	0.001	0.000	−1.247	0.000	0.000	0.000
10		1.412	0.001	0.001	0.000	−1.238	0.000	0.000	0.000
11	下游深圳机场近岸	1.401	0.001	0.001	0.000	−1.238	−0.002	−0.001	0.001
12		1.388	0.001	0.001	0.000	−1.246	−0.002	−0.001	0.001
14	上游东莞长安港区及沙角电厂近岸	1.445	−0.001	−0.001	0.000	−1.256	0.004	−0.003	−0.007
15		1.450	−0.001	−0.001	0.000	−1.258	0.001	−0.002	−0.003
16		1.466	−0.001	−0.001	0.000	−1.261	0.001	0.000	−0.001
17	虎门	1.563	−0.001	−0.001	0.000	−1.263	0.001	0.000	−0.001
18	蕉门	1.554	0.000	0.000	0.000	−0.845	0.000	0.000	0.000
19	洪奇门	1.632	0.000	0.000	0.000	−0.365	0.000	0.000	0.000

续表

采样点	位　置	高高潮位				低低潮位			
		f0	变化值			f0	变化值		
			f2－f0	整治－f0	整治－f2		f2－f0	整治－f0	整治－f2
20	横门	1.506	0.000	0.000	0.000	－0.449	0.000	0.000	0.000
21	龙穴岛	1.434	－0.001	－0.001	0.000	－1.250	0.001	0.001	0.000
22	淇澳岛	1.293	0.001	0.001	0.000	－1.208	－0.001	－0.001	0.000
23	内伶仃岛	1.259	0.001	0.001	0.000	－1.279	－0.001	－0.001	0.000

注 f0 为规划方案实施前工况，f2 为方案 2 工况。整治是在方案 2 的基础上对茅洲河河口进行泄洪整治的工况。

表 7.2－2　　　　　　**"方案 2＋整治"实施后潮位变化统计表**

（数学模型，"2005 年 6 月＋2 年一遇洪水"）　　　　单位：m

采样点	位　置	高高潮位				低低潮位			
		f0	变化值			f0	变化值		
			f2－f0	整治－f0	整治－f2		f2－f0	整治－f0	整治－f2
1	茅洲河河口	1.969	0.008	0.004	－0.004	－0.673	0.330	－0.092	－0.422
4		1.961	0.000	0.000	0.000	－0.909	0.218	－0.137	－0.355
13		1.968	0.001	0.001	0.000	－1.184	0.116	－0.038	－0.154
2	茅洲河	1.990	0.006	0.002	－0.004	－0.343	0.178	－0.158	－0.336
3		2.033	0.004	0.000	－0.004	－0.070	0.119	－0.099	－0.218
5	规划区近岸	1.951	－0.001	－0.001	0.000	－1.115	－0.126	－0.129	－0.003
6		1.943	－0.002	－0.001	0.001	－1.322	－0.010	0.001	0.011
7		1.933	－0.004	－0.004	0.000	－1.337	－0.003	－0.004	－0.001
8		1.916	－0.005	－0.005	0.000	－1.341	－0.002	－0.001	0.001
9	下游宝安港区近岸	1.898	0.002	0.002	0.000	－1.352	－0.002	－0.001	0.001
10		1.874	0.002	0.002	0.000	－1.363	－0.002	－0.001	0.001
11	下游深圳机场近岸	1.848	0.001	0.001	0.000	－1.367	－0.002	－0.001	0.001
12		1.835	0.001	0.001	0.000	－1.369	－0.001	0.000	0.001
14	上游东莞长安港区及沙角电厂近岸	1.977	－0.001	－0.001	0.000	－1.296	0.001	－0.003	－0.004
15		1.989	－0.001	－0.001	0.000	－1.282	0.001	0.000	－0.001
16		2.019	0.000	0.000	0.000	－1.268	0.001	0.001	0.000
17	虎门	2.158	0.000	0.000	0.000	－1.204	0.000	0.000	0.000
18	蕉门	2.098	0.000	0.000	0.000	－0.577	0.001	0.001	0.000

采样点	位 置	高高潮位				低低潮位			
		f0	变化值			f0	变化值		
			f2－f0	整治－f0	整治－f2		f2－f0	整治－f0	整治－f2
19	洪奇门	2.331	0.000	0.000	0.000	0.451	0.000	0.000	0.000
20	横门	2.236	0.000	0.000	0.000	0.417	0.000	0.000	0.000
21	龙穴岛	1.977	－0.002	－0.002	0.000	－1.290	0.002	0.003	0.001
22	淇澳岛	1.743	0.001	0.001	0.000	－1.313	－0.002	－0.002	0.000
23	内伶仃岛	1.706	0.001	0.001	0.000	－1.516	－0.001	－0.001	0.000

注　f0 为规划方案实施前工况，f2 为方案 2 工况。整治方案是在方案 2 的基础上对茅洲河河口进行泄洪整治的工况。

表 7.2－3　　　　　　　　"方案 2＋整治"实施后潮位变化统计表

（数学模型，2001 年 2 月）　　　　　　　　单位：m

采样点	位 置	高高潮位				低低潮位			
		f0	变化值			f0	变化值		
			f2－f0	整治－f0	整治－f2		f2－f0	整治－f0	整治－f2
1	茅洲河河口	1.670	0.000	－0.001	－0.001	－1.229	0.270	－0.108	－0.378
4		1.667	0.000	0.000	0.000	－1.295	0.204	－0.099	－0.303
13		1.665	0.001	0.001	0.000	－1.352	0.072	－0.020	－0.092
2	茅洲河	1.671	0.000	－0.001	－0.001	－1.165	0.233	－0.112	－0.345
3		1.671	0.000	0.000	0.000	－1.142	0.229	－0.048	－0.277
5	规划区近岸	1.664	－0.002	－0.002	0.000	－1.386	－0.009	－0.035	－0.026
6		1.661	－0.003	－0.003	0.000	－1.428	－0.003	－0.002	0.001
7		1.656	－0.003	－0.003	0.000	－1.431	－0.003	－0.002	0.001
8		1.652	－0.003	－0.003	0.000	－1.434	－0.003	－0.002	0.001
9	下游宝安港区近岸	1.648	0.001	0.001	0.000	－1.438	－0.003	－0.002	0.001
10		1.645	0.001	0.001	0.000	－1.444	－0.003	－0.002	0.001
11	下游深圳机场近岸	1.638	0.001	0.001	0.000	－1.445	－0.002	－0.001	0.001
12		1.629	0.000	0.000	0.000	－1.443	－0.002	－0.001	0.001
14	上游东莞长安港区及沙角电厂近岸	1.670	－0.002	－0.002	0.000	－1.454	0.001	0.000	－0.001
15		1.661	－0.002	－0.002	0.000	－1.455	0.001	0.001	0.000
16		1.647	－0.001	－0.001	0.000	－1.460	0.001	0.002	0.001
17	虎门	1.695	－0.001	－0.001	0.000	－1.495	0.001	0.002	0.001

续表

采样点	位 置	高高潮位				低低潮位			
		f0	变化值			f0	变化值		
			f2−f0	整治−f0	整治−f2		f2−f0	整治−f0	整治−f2
18	蕉门	1.616	0.000	0.000	0.000	−1.179	0.000	0.000	0.000
19	洪奇门	1.546	0.000	0.000	0.000	−1.049	0.000	0.000	0.000
20	横门	1.515	0.000	0.000	0.000	−1.039	0.000	0.000	0.000
21	龙穴岛	1.639	0.000	0.000	0.000	−1.435	0.001	0.001	0.000
22	淇澳岛	1.543	0.000	0.000	0.000	−1.347	−0.001	−0.001	0.000
23	内伶仃岛	1.519	0.000	0.000	0.000	−1.454	−0.001	−0.001	0.000

注 f0 为规划方案实施前工况，f2 为方案 2 工况。整治方案是在方案 2 的基础上对茅洲河河口进行泄洪整治的工况。

表 7.2 − 4 **"方案 2＋整治"实施后潮位变化统计表**

（数学模型，1993 年 6 月） 单位：m

采样点	位 置	高高潮位				低低潮位			
		f0	变化值			f0	变化值		
			f2−f0	整治−f0	整治−f2		f2−f0	整治−f0	整治−f2
1	茅洲河河口	2.118	0.000	−0.001	−0.001	−1.119	0.209	−0.012	−0.221
4		2.115	0.000	−0.001	−0.001	−1.152	0.112	−0.055	−0.167
13		2.118	0.001	0.001	0.000	−1.206	0.029	−0.007	−0.036
2	茅洲河	2.126	0.000	−0.002	−0.002	−1.056	0.190	−0.008	−0.198
3		2.142	0.000	−0.002	−0.002	−1.009	0.168	−0.004	−0.172
5	规划区近岸	2.108	0.000	0.000	0.000	−1.217	−0.037	−0.033	0.004
6		2.104	−0.002	−0.002	0.000	−1.263	−0.002	−0.001	0.001
7		2.097	−0.005	−0.005	0.000	−1.265	−0.002	−0.002	0.000
8		2.085	−0.005	−0.005	0.000	−1.262	−0.001	−0.001	0.000
9	下游宝安港区近岸	2.076	0.003	0.003	0.000	−1.260	−0.001	−0.001	0.000
10		2.063	0.001	0.001	0.000	−1.255	−0.001	−0.001	0.000
11	下游深圳机场近岸	2.043	0.001	0.001	0.000	−1.237	−0.001	−0.001	0.000
12		2.016	0.000	0.000	0.000	−1.213	−0.001	−0.001	0.000
14	上游东莞长安港区及沙角电厂近岸	2.125	−0.002	−0.002	0.000	−1.258	0.002	0.002	0.000
15		2.124	−0.002	−0.002	0.000	−1.258	0.002	0.002	0.000
16		2.124	−0.001	−0.001	0.000	−1.259	0.002	0.003	0.001

采样点	位 置	高高潮位				低低潮位			
		f0	变化值			f0	变化值		
			f2－f0	整治－f0	整治－f2		f2－f0	整治－f0	整治－f2
17	虎门	2.177	－0.001	－0.001	0.000	－1.263	0.001	0.001	0.000
18	蕉门	2.098	－0.001	－0.001	0.000	－1.020	0.000	0.000	0.000
19	洪奇门	1.985	0.000	0.000	0.000	－0.731	0.000	0.000	0.000
20	横门	1.957	0.000	0.000	0.000	－0.824	0.000	0.000	0.000
21	龙穴岛	2.094	－0.003	－0.003	0.000	－1.253	0.002	0.003	0.001
22	淇澳岛	1.918	0.002	0.002	0.000	－1.117	－0.001	－0.001	0.000
23	内伶仃岛	1.902	0.001	0.001	0.000	－1.184	－0.001	－0.001	0.000

注 f0 为规划方案实施前工况，f2 为方案 2 工况。整治方案是在方案 2 的基础上对茅洲河河口进行泄洪整治的工况。

表 7.2－5 **"方案 2＋整治"实施后潮位变化统计表（物理模型）** 单位：m

位置	采样点	高高潮位变化值			低低潮位变化值		
		"1999 年 7 月＋100 年一遇洪水"	"2005 年 6 月＋2 年一遇洪水"	2001 年 2 月	"1999 年 7 月＋100 年一遇洪水"	"2005 年 6 月＋2 年一遇洪水"	2001 年 2 月
东四口门	大 虎	0.00	0.00	0.00	0.00	0.00	0.00
	南 沙	0.00	0.00	0.00	0.00	0.00	0.00
	冯马庙	0.00	0.00	0.00	0.00	0.00	0.00
	横 门	0.00	0.00	0.00	0.00	0.00	0.00
规划区附近	沙角电厂	0.00	0.00	0.00	0.00	0.00	0.00
	茅洲河河口	0.00	0.00	0.00	－0.03	－0.07	－0.08
	宝安港区	0.00	0.00	0.00	0.00	0.00	0.00
	深圳机场	0.00	0.00	0.00	0.00	0.00	0.00
规划区下游	赤 湾	0.00	0.00	0.00	0.00	0.00	0.00
	内伶仃岛	0.00	0.00	0.00	0.00	0.00	0.00
	金星门	0.00	0.00	0.00	0.00	0.00	0.00

1. 东四口门及伶仃洋水域

东四口门及伶仃洋水域潮位基本不变，表明距离规划区较远的水域潮位受规划方案影响很小。

2. 茅洲河河口

根据数学模型壅水计算成果统计，在方案 2 的基础上实施茅洲河河口泄洪整治后，茅洲河及其河口水域高高潮位壅高值普遍减小，与现状比较，茅洲河百年一遇洪水最大壅高值为 0.012m，低低潮位从壅高转为降低，最大降低值为 0.160m；规划区上游长安港区及沙角电厂近岸水域（14 号～16 号采样点）高高潮位降低，低低潮位降低，各方案潮位变幅均较小，最大变化值不超过 0.003m；规划区下游宝安港区及深圳机场近岸水域高高潮位抬高，低低潮位降低，最大变化值不超过 0.001m；距离规划区较远的口门和伶仃洋其他水域潮位受规划方案影响很小，潮位基本不变。

根据物理模型壅水试验成果统计，"方案 2＋整治"后水位变化集中在茅洲河河口附近，其他水域潮位基本没有变化。在茅洲河 100 年一遇洪水条件下茅洲河河口高高潮位不变，低低潮位降低 0.03m；2 年一遇洪水和枯水情况下分别降低 0.07m、0.08m。

综合数学模型和物理模型试验成果，滩涂开发利用规划和泄洪整治规划方案实施对东四口门及规划区较远的伶仃洋水域潮位基本没有影响，主要影响集中在规划区附近区域。"方案 2＋整治"实施后，受茅洲河河口泄洪整治方案影响，茅洲河河口洪水位较方案 2 单独实施显著减小，低低潮位较方案 2 单独实施时显著下降，这表明茅洲河河口门外形成新的槽道，能够减小规划方案 2 实施对茅洲河洪涝排泄的不利影响。

7.2.2 流速变化分析

1. 数学模型成果

"方案 2＋整治"实施后，流速、流向变化统计结果见表 7.2-6～表 7.2-11。"方案 2＋整治"实施后，新的槽道内的涨、落潮流速显著增大，新槽道中段以西浅滩水域流速减小，其他水域流速变化很小。与方案 2 比较，新槽道内（4 号～6 号采样点）100 年一遇洪水时落急流速增大 0.44～0.68m/s，2 年一遇洪水时落急流速增大 0.06～0.13m/s，枯水时落急流速增大 0.07～0.14m/s。与现状比较，新槽道进口段（4 号采样点）100 年一遇洪水时落急流速增大 0.75m/s，2 年一遇洪水时落急流速增大 0.08m/s，枯水时落急流速增大 0.16m/s。由此可见，槽道形成后，涨、落潮流向槽道内集中，流速显著增大，有利于维持新槽道的稳定。

表 7.2-6 "方案 2+整治"实施后流速、流向变化统计表

（数学模型，"1999 年 7 月+100 年一遇洪水"，落潮）

位　置	采样点	落急流速/(m/s)				落急流向/(°)			
		f0	变化值			f0	变化值		
			f2-f0	整治-f2	整治-f0		f2-f0	整治-f2	整治-f0
茅洲河河口	1	2.50	-0.72	0.25	-0.47	191.8	1.2	2.4	3.6
	4	0.82	0.27	0.48	0.75	225.6	-17.6	-3.9	-21.5
	13	0.29	0.17	-0.18	-0.01	267.5	3.8	-4.8	-1.0
茅洲河	2	2.31	-0.14	0.27	0.13	233.8	-0.3	0.7	0.4
	3	2.24	-0.05	0.08	0.03	236.6	0.1	-0.2	-0.1
规划区近岸	5	0.76	-0.42	0.68	0.26	247.3	-41.3	-6.0	-47.3
	6	0.62	-0.48	0.44	-0.04	221.2	-33.6	5.0	-28.6
	7	0.35	-0.02	0.04	0.02	172.8	-3.5	3.1	-0.4
	8	0.31	0.00	0.00	0.00	159.2	-2.9	-0.2	-3.1
下游宝安港区近岸	9	0.37	0.00	0.01	0.01	150.6	1.8	-0.2	1.6
	10	0.28	0.00	0.00	0.00	137.9	0.0	0.1	0.1
下游深圳机场近岸	11	0.23	0.00	0.00	0.00	150.6	0.0	0.0	0.0
	12	0.40	0.00	0.00	0.00	155.1	0.0	0.0	0.0
上游东莞长安港区及沙角电厂近岸	14	0.05	0.02	-0.02	0.00	203.1	3.8	-5.4	-1.6
	15	0.09	-0.01	0.01	0.00	92.9	1.2	-1.4	-0.2
	16	0.15	0.00	0.00	0.00	103.9	0.2	-0.2	0.0
内伶仃岛东部水域	17	0.32	0.04	-0.05	-0.01	183.6	7.0	-8.6	-1.6
	18	0.56	-0.01	0.01	0.00	159.0	-2.6	3.0	0.4
	19	0.58	0.00	-0.01	-0.01	161.9	-0.3	0.1	-0.2
	20	0.44	0.00	0.00	0.00	149.5	0.1	0.0	0.1
矾石水道	21	0.50	0.00	0.00	0.00	141.6	1.1	-1.3	-0.2
	22	0.91	0.01	-0.01	0.00	145.7	-0.4	0.2	-0.2
	23	0.80	0.00	0.00	0.00	152.5	-0.4	0.0	-0.4
	24	0.64	0.00	0.00	0.00	153.1	-0.1	0.0	-0.1
广州港出海航道	25	1.08	0.00	0.00	0.00	139.6	0.0	0.0	0.0
	26	0.94	0.00	0.00	0.00	168.1	0.0	0.0	0.0
	27	0.79	0.00	0.00	0.00	164.5	0.0	0.0	0.0
	28	0.80	0.00	0.00	0.00	149.6	0.0	0.0	0.0

注 1. 流向变化值中"-"表示向逆时针方向偏转，"+"表示向顺时针方向偏转。

2. 水流动力强度以茅洲河河口为主。

表 7.2-7 **"方案 2+整治"实施后流速、流向变化统计表**

（数学模型，"2005 年 6 月+2 年一遇洪水"，落潮）

位　置	采样点	落急流速/(m/s)				落急流向/(°)			
		f0	变化值			f0	变化值		
			f2−f0	整治−f2	整治−f0		f2−f0	整治−f2	整治−f0
茅洲河河口	1	1.04	−0.14	−0.09	−0.23	192.8	1.5	3.3	4.8
	4	0.39	0.02	0.06	0.08	215.6	−10.4	−9.1	−19.5
	13	0.08	0.04	−0.04	0.00	197.8	42.7	−33.5	9.2
茅洲河	2	1.03	−0.04	0.07	0.03	234.5	−0.4	0.6	0.2
	3	1.06	−0.02	0.03	0.01	236.1	0.1	−0.2	−0.1
规划区近岸	5	0.31	−0.09	0.13	0.04	208.8	−13.2	−2.2	−15.4
	6	0.35	−0.09	0.10	0.01	197.4	−15.6	1.5	−14.1
	7	0.51	−0.01	0.02	0.01	169.5	−1.1	1.3	0.2
	8	0.47	−0.01	0.00	−0.01	160.2	−4.2	0.0	−4.2
下游宝安港区近岸	9	0.57	0.00	0.00	0.00	147.5	1.8	0.0	1.8
	10	0.38	0.01	0.00	0.01	136.3	0.1	0.0	0.1
下游深圳机场近岸	11	0.35	0.00	0.00	0.00	150.1	0.1	0.0	0.1
	12	0.56	0.00	0.00	0.00	155.3	0.0	0.0	0.0
上游东莞长安港区及沙角电厂近岸	14	0.02	0.00	0.00	0.00	128.7	17.6	−13.4	4.2
	15	0.18	0.00	0.00	0.00	89.0	−0.1	−0.1	−0.2
	16	0.26	0.00	0.00	0.00	104.4	0.0	−0.1	−0.1
内伶仃岛东部水域	17	0.39	0.02	−0.02	0.01	155.5	3.3	−2.8	0.5
	18	0.73	0.01	0.00	0.01	158.0	−1.0	0.9	−0.1
	19	0.82	−0.01	0.00	−0.01	160.0	−0.4	0.0	−0.4
	20	0.63	0.00	0.00	0.00	149.6	0.0	0.0	0.0
矾石水道	21	0.82	0.00	0.00	0.00	134.5	0.2	−0.2	0.0
	22	1.33	0.01	−0.01	0.00	145.5	−0.2	0.1	−0.1
	23	1.13	0.00	0.00	0.00	152.4	−0.2	0.0	−0.2
	24	0.91	0.00	0.00	0.00	152.9	−0.1	0.0	−0.1
广州港出海航道	25	1.59	0.00	0.00	0.00	138.8	0.0	0.0	0.0
	26	1.27	0.00	0.00	0.00	167.7	0.0	0.0	0.0
	27	1.12	0.00	0.00	0.00	164.7	0.0	0.0	0.0
	28	1.07	0.00	0.00	0.00	150.9	0.0	0.0	0.0

注　1. 流向变化值中"−"表示向逆时针方向偏转，"+"表示向顺时针方向偏转。

　　2. 水流动力强度以茅洲河河口水流动力为主。

表 7.2 – 8　　　　**"方案 2 十整治"实施后流速、流向变化统计表**

(数学模型，2001 年 2 月，落潮)

位　　置	采样点	落急流速/(m/s)				落急流向/(°)			
		f0	变化值			f0	变化值		
			f2－f0	整治－f2	整治－f0		f2－f0	整治－f2	整治－f0
茅洲河河口	1	0.55	−0.11	−0.02	−0.13	199.4	1.6	4.5	6.1
	4	0.20	0.09	0.07	0.16	219.6	−9.7	−8.5	−18.2
	13	0.11	0.03	−0.03	0.00	226.2	15.7	−21.7	−6.0
茅洲河	2	0.40	−0.04	0.07	0.03	234.3	0.5	−0.8	−0.3
	3	0.40	−0.03	0.06	0.03	235.2	0.3	−0.5	−0.2
规划区近岸	5	0.24	−0.10	0.14	0.04	233.2	−25.7	−9.1	−34.8
	6	0.27	−0.12	0.11	−0.01	208.0	−21.3	0.1	−21.2
	7	0.37	−0.01	0.01	0.00	171.6	−1.5	1.1	−0.4
	8	0.34	0.00	−0.01	−0.01	160.4	−3.7	−0.1	−3.8
下游宝安港区近岸	9	0.40	0.01	0.00	0.01	151.4	1.8	0.0	1.8
	10	0.29	0.00	0.00	0.00	138.5	0.1	0.0	0.1
下游深圳机场近岸	11	0.25	0.00	0.00	0.00	150.6	−0.1	0.0	−0.1
	12	0.43	0.00	0.00	0.00	155.1	0.0	0.0	0.0
上游东莞长安港区及沙角电厂近岸	14	0.05	0.00	0.00	0.00	177.4	1.3	−3.3	−2.0
	15	0.13	0.00	0.00	0.00	95.3	0.1	−0.1	0.0
	16	0.19	0.00	0.00	0.00	104.2	0.1	0.0	0.1
内伶仃岛东部水域	17	0.32	0.01	−0.01	0.00	161.7	1.0	−2.5	−1.5
	18	0.57	0.00	0.00	0.00	158.0	−1.1	0.9	−0.2
	19	0.63	−0.01	0.00	−0.01	162.4	−0.3	0.0	−0.3
	20	0.47	0.00	0.00	0.00	150.6	0.0	0.0	0.1
矾石水道	21	0.56	0.00	0.00	0.00	138.9	0.0	−0.2	−0.2
	22	0.99	0.00	0.00	0.00	145.4	−0.2	0.1	−0.1
	23	0.85	0.00	0.00	0.00	152.3	−0.2	0.0	−0.2
	24	0.69	0.00	0.00	0.00	153.2	−0.1	0.0	−0.1
广州港出海航道	25	1.16	0.00	0.00	0.00	139.5	0.0	0.0	0.0
	26	1.01	0.00	0.00	0.00	167.5	0.0	0.0	0.0
	27	0.85	0.00	0.00	0.00	165.6	0.0	0.0	0.0
	28	0.87	0.00	0.00	0.00	150.9	0.0	0.0	0.0

注　流向变化值中 "－" 表示向逆时针方向偏转，"＋" 表示向顺时针方向偏转。

表 7.2 - 9　　　**"方案 2 + 整治"实施后流速、流向变化统计表**

（数学模型，2001 年 2 月，涨潮）

位　置	采样点	涨急流速/(m/s)				涨急流向/(°)			
		f0	变化值			f0	变化值		
			f2-f0	整治-f2	整治-f0		f2-f0	整治-f2	整治-f0
茅洲河河口	1	0.58	-0.03	-0.11	-0.14	20.3	0.7	5.0	5.7
	4	0.23	0.04	0.00	0.04	37.2	-11.6	-5.1	-16.7
	13	0.10	0.03	-0.03	0.00	52.9	10.6	-16.4	-5.8
茅洲河	2	0.59	-0.02	0.01	-0.01	49.7	0.0	0.4	0.4
	3	0.57	-0.02	0.01	-0.01	53.7	0.0	0.1	0.1
规划区近岸	5	0.20	-0.05	0.08	0.03	28.4	-6.2	-4.0	-10.2
	6	0.27	-0.07	0.02	-0.05	20.7	-13.0	1.2	-11.8
	7	0.38	-0.02	0.01	-0.01	346.2	1.1	0.5	1.6
	8	0.34	-0.02	0.00	-0.02	347.9	-10.5	0.1	-10.4
下游宝安港区近岸	9	0.39	-0.02	0.00	-0.02	327.0	-0.9	0.0	-0.9
	10	0.35	-0.01	0.00	-0.01	314.7	-0.1	0.0	-0.1
下游深圳机场近岸	11	0.30	0.00	0.00	0.00	331.8	0.0	0.0	0.0
	12	0.41	0.00	0.00	0.00	335.4	0.0	0.0	0.0
上游东莞长安港区及沙角电厂近岸	14	0.04	0.00	0.00	0.00	293.7	5.2	-7.5	-2.3
	15	0.19	0.00	0.00	0.00	267.6	0.0	-0.1	-0.1
	16	0.36	0.00	0.00	0.00	278.2	0.0	0.0	0.0
内伶仃岛东部水域	17	0.33	0.01	-0.01	-0.01	339.5	0.6	-1.8	-1.2
	18	0.53	0.00	0.01	0.01	340.3	-0.7	0.4	-0.3
	19	0.52	-0.01	0.00	-0.01	338.9	-0.6	0.0	-0.6
	20	0.40	0.00	0.00	0.00	330.4	-0.1	0.0	-0.1
矾石水道	21	0.45	0.00	0.00	0.00	320.3	-0.1	-0.2	-0.3
	22	0.68	0.00	0.00	0.00	327.8	-0.5	0.2	-0.3
	23	0.61	0.00	0.00	0.00	332.4	-0.4	0.0	-0.4
	24	0.54	0.00	0.00	0.00	333.9	-0.1	0.0	-0.1
广州港出海航道	25	0.76	0.00	0.00	0.00	325.1	0.0	0.0	0.0
	26	0.73	0.00	0.00	0.00	347.9	0.0	0.0	0.0
	27	0.57	0.00	0.00	0.00	340.4	0.0	0.0	0.0
	28	0.62	0.00	0.00	0.00	330.9	0.0	0.0	0.0

注　流向变化值中"－"表示向逆时针方向偏转，"＋"表示向顺时针方向偏转。

表 7.2－10　　　　"方案 2＋整治"实施后流速、流向变化统计表

（数学模型，1993 年 6 月，落潮）

位　置	采样点	落急流速/(m/s)				落急流向/(°)			
		f0	变化值			f0	变化值		
			f2－f0	整治－f2	整治－f0		f2－f0	整治－f2	整治－f0
茅洲河河口	1	0.53	－0.08	－0.05	－0.13	198.9	0.5	5.1	5.6
	4	0.19	0.09	0.05	0.14	219.0	－8.1	－9.3	－17.4
	13	0.12	0.03	－0.04	－0.01	227.7	13.3	－19.5	－6.2
茅洲河	2	0.37	－0.04	0.08	0.04	234.3	0.4	－0.8	－0.4
	3	0.37	－0.03	0.05	0.02	235.0	0.3	－0.5	－0.2
规划区近岸	5	0.25	－0.12	0.13	0.01	235.1	－26.6	－10.0	－36.6
	6	0.25	－0.13	0.11	－0.03	208.1	－19.9	－1.3	－21.2
	7	0.36	－0.01	0.01	0.00	171.5	－1.7	1.3	－0.4
	8	0.32	－0.01	－0.01	－0.02	162.1	－5.3	－0.1	－5.4
下游宝安港区近岸	9	0.39	0.01	0.00	0.01	151.1	0.3	0.1	0.4
	10	0.25	0.00	0.00	0.00	138.5	0.1	0.0	0.1
下游深圳机场近岸	11	0.23	0.00	0.00	0.00	150.7	0.0	0.0	0.0
	12	0.42	0.00	0.00	0.00	154.8	0.0	0.0	0.0
上游东莞长安港区及沙角电厂近岸	14	0.04	0.00	0.00	0.00	177.7	1.7	－2.5	－0.8
	15	0.12	0.00	0.00	0.00	95.9	0.0	－0.1	－0.1
	16	0.18	0.00	0.00	0.00	105.2	0.1	0.0	0.1
内伶仃岛东部水域	17	0.32	0.01	－0.01	0.00	160.1	0.9	－2.3	－1.4
	18	0.56	0.00	0.00	0.00	158.1	－1.1	0.9	－0.2
	19	0.61	－0.01	0.00	－0.01	161.8	－0.2	0.0	－0.2
	20	0.47	0.00	0.00	0.00	150.1	0.0	0.0	0.1
矾石水道	21	0.59	0.00	0.00	0.00	138.6	－0.1	－0.1	－0.2
	22	0.96	0.01	－0.01	0.00	145.7	－0.2	0.1	－0.1
	23	0.81	0.00	0.00	0.00	152.3	－0.2	0.0	－0.2
	24	0.67	0.00	0.00	0.00	152.5	－0.1	0.0	－0.1
广州港出海航道	25	1.08	0.00	0.00	0.00	139.1	0.0	0.0	0.0
	26	0.95	0.00	0.00	0.00	167.1	0.0	0.0	0.0
	27	0.81	0.00	0.00	0.00	164.9	0.0	0.0	0.0
	28	0.79	0.00	0.00	0.00	151.3	0.0	0.0	0.0

注　流向变化值中"－"表示向逆时针方向偏转，"＋"表示向顺时针方向偏转。

表 7.2 – 11　　"方案 2＋整治"实施后流速、流向变化统计表

（数学模型，1993 年 6 月，涨潮）

位　置	采样点	涨急流速/(m/s)				涨急流向/(°)			
		f0	变化值			f0	变化值		
			f2－f0	整治－f2	整治－f0		f2－f0	整治－f2	整治－f0
茅洲河河口	1	0.51	0.02	−0.08	−0.06	21.7	1.9	3.5	5.4
	4	0.24	−0.06	0.02	−0.05	21.8	2.6	−3.9	−1.3
	13	0.09	0.00	0.00	0.00	356.9	30.5	−20.2	10.3
茅洲河	2	0.66	−0.01	0.01	0.00	51.5	−0.1	0.2	0.1
	3	0.73	−0.01	0.00	−0.01	55.2	0.0	0.0	0.0
规划区近岸	5	0.31	−0.13	0.06	−0.07	10.3	7.4	−0.8	6.6
	6	0.40	−0.08	0.00	−0.08	7.2	−0.9	0.2	−0.7
	7	0.59	−0.01	0.01	0.00	349.0	−1.8	0.3	−1.5
	8	0.57	−0.07	0.00	−0.07	348.0	−10.7	0.0	−10.7
下游宝安港区近岸	9	0.67	−0.04	0.00	−0.04	325.8	−1.1	0.0	−1.1
	10	0.63	−0.01	0.00	−0.01	310.8	0.0	0.0	0.0
下游深圳机场近岸	11	0.50	0.00	0.00	0.00	332.6	0.0	0.0	0.0
	12	0.66	0.00	0.00	0.00	335.2	0.0	0.0	0.0
上游东莞长安港区及沙角电厂近岸	14	0.16	−0.01	0.01	−0.01	231.1	1.5	−0.9	0.6
	15	0.42	0.00	0.00	0.00	264.1	0.0	0.0	0.0
	16	0.69	0.00	0.00	0.00	277.9	0.0	−0.1	−0.1
内伶仃岛东部水域	17	0.49	0.01	−0.01	0.00	332.7	2.0	−1.0	1.0
	18	0.77	0.02	0.00	0.02	341.5	−1.2	0.3	−0.9
	19	0.79	−0.02	0.01	−0.02	336.7	−0.7	0.0	−0.7
	20	0.62	0.00	0.00	0.00	330.9	0.0	0.0	0.0
矾石水道	21	0.67	0.00	0.00	0.00	317.0	0.4	−0.3	0.1
	22	0.96	0.00	0.00	0.00	328.1	−0.4	0.1	−0.3
	23	0.87	0.00	0.00	0.00	333.2	−0.5	0.0	−0.5
	24	0.79	0.00	0.00	0.00	334.3	−0.1	0.0	−0.1
广州港出海航道	25	1.07	0.00	0.00	0.00	324.6	0.0	0.0	0.0
	26	1.01	0.00	0.00	0.00	346.5	0.0	0.0	0.0
	27	0.82	0.00	0.00	0.00	340.6	0.0	0.0	0.0
	28	0.89	0.00	0.00	0.00	332.6	0.0	0.0	0.0

注　流向变化值中"−"表示向逆时针方向偏转，"＋"表示向顺时针方向偏转。

2. 物理模型成果

根据物理模型试验成果，"方案 2＋整治"实施前后流速变化见表 7.2 -12～表 7.2 - 14。"方案 2＋整治"条件下，受围填水域及河道开挖浚深双重交互影响，伶仃洋洪水大潮遭遇茅洲河 2 年一遇洪水水文条件下，茅洲河河口涨、落潮流速均有所减小，规划区附近西侧水域水流流速略有增加；中洪水大潮遭遇茅洲河 100 年一遇洪水时，涨潮时规划区附近水域流速略有减小，落潮时茅洲河河口水流流速减小，茅洲河河口中游近规划区段水流流速略有增加，下游段水域流速略有减小；枯水大潮时茅洲河河口水域涨、落潮均有所增加，茅洲河河口规划区附近涨、落潮流速均有所减小，规划区附近西侧水域水流流速略有增加。

（1）划区附近。"方案 2＋整治"方案实施后，受泄洪整治河道浚深影响，与现状相比，茅洲河河口规划区附近水域水流流速均有一定减小，最大流速减小值为 0.01～0.28m/s；规划区西侧水流流速变化较小。

表 7.2 - 12　　　　"方案 2＋整治"实施后流速变化统计表
（物理模型，"1999 年 7 月＋100 年一遇洪水"）　　　　单位：m/s

位　　置	采样点	涨潮最大流速变化值	涨潮平均流速变化值	落潮最大流速变化值	落潮平均流速变化值
伶仃航道	1	0.00	0.00	0.00	0.00
	2	0.00	0.00	0.00	0.00
	3	0.00	0.00	0.00	0.00
	4	0.00	0.00	0.00	0.00
规划区西侧	5	0.00	0.00	0.00	0.00
	6	0.00	0.00	0.00	0.00
	7	0.00	0.00	0.00	0.00
	8	0.00	0.00	0.00	0.00
茅洲河河口	9	—	—	−0.38	−0.27
规划区附近	10	−0.04	−0.02	−0.07	−0.04
	11	−0.28	−0.19	−0.15	−0.09
	12	−0.02	−0.01	−0.02	−0.01
	13	−0.03	−0.02	0.04	0.03
	14	−0.02	−0.01	0.02	0.01
规划区下游	15	0.00	0.00	0.00	0.00

表 7.2－13 "方案 2＋整治"实施后流速变化统计表

（物理模型，"2005 年 6 月＋2 年一遇洪水"） 单位：m/s

位置	采样点	涨潮最大流速变化值	涨潮平均流速变化值	落潮最大流速变化值	落潮平均流速变化值
伶仃航道	1	0.00	0.00	0.00	0.00
	2	0.00	0.00	0.00	0.00
	3	0.00	0.00	0.00	0.00
	4	0.00	0.00	0.00	0.00
规划区西侧	5	0.00	0.00	0.00	0.00
	6	0.00	0.00	0.00	0.00
	7	0.00	0.00	0.00	0.00
	8	0.00	0.00	0.00	0.00
茅洲河河口	9	－0.04	－0.03	－0.06	－0.04
规划区附近	10	－0.05	－0.03	－0.07	－0.04
	11	－0.17	－0.11	－0.16	－0.10
	12	－0.02	－0.01	－0.01	0.00
	13	0.02	0.01	0.02	0.01
	14	0.01	0.00	0.00	0.00
规划区下游	15	0.00	0.00	0.00	0.00

表 7.2－14 "方案 2＋整治"实施后流速变化统计表

（物理模型，2001 年 2 月） 单位：m/s

位　置	采样点	涨潮最大流速变化值	涨潮平均流速变化值	落潮最大流速变化值	落潮平均流速变化值
伶仃航道	1	0.00	0.00	0.00	0.00
	2	0.00	0.00	0.00	0.00
	3	0.00	0.00	0.00	0.00
	4	0.00	0.00	0.00	0.00
规划区西侧	5	0.00	0.00	0.00	0.00
	6	0.00	0.00	0.00	0.00
	7	0.00	0.00	0.00	0.00
	8	0.00	0.00	0.00	0.00

位　置	采样点	涨潮最大流速变化值	涨潮平均流速变化值	落潮最大流速变化值	落潮平均流速变化值
茅洲河河口	9	0.07	0.04	0.04	0.02
规划区附近	10	−0.06	−0.04	−0.05	−0.03
	11	−0.19	−0.13	−0.18	−0.14
	12	−0.02	−0.01	0.00	0.00
	13	0.02	0.01	0.03	0.02
	14	0.01	0.00	0.01	0.00
规划区下游	15	0.00	0.00	0.00	0.00

（2）茅洲河河口。"方案2+整治"方案实施后，受滩涂围填及河道开挖双重交互影响，伶仃洋洪水大潮遭遇茅洲河2年一遇洪水时，茅洲河河口涨、落潮流速均有所减小，最大流速减小值在0.06m/s以内；伶仃洋中洪水大潮遭遇茅洲河100年一遇洪水时，茅洲河河口落潮流速有所减小，最大流速减小值在0.38m/s以内；伶仃洋枯水大潮时，茅洲河河口涨、落潮流速均有所增加，最大流速增加值在0.07m/s以内。

（3）其他水域。其他距规划区较远的水域水流流速影响很小。

7.2.3　流态变化分析

"方案2+整治"实施后物理模型试验流态参见图7.2-1。

"方案2+整治"条件下，涨潮时，在规划区南段岸线的导流作用下，涨潮流经过西端点后惯性向西侧浅滩上溯，涨潮流路略向主槽偏转，但与仅实施方案2时差别不大；落潮时，落潮流向槽道集中，水流动力轴线位于新岸线附近，有利于维持新槽道的稳定。茅洲河涨、落潮流在深槽出口处与伶仃洋水流交汇，该出口位置与原深槽−3m等高线基本重合，茅洲河落潮流和伶仃洋落潮流交汇点位置变化不明显。

规划方案实施后，伶仃洋东、西槽流速、流向变化很小，流速和流态变化主要集中在规划区及茅洲河河口附近，对伶仃洋东、西槽动力轴线影响很小。

7.2.4　潮量变化分析

"方案2+整治"后潮量数学模型统计结果参见表7.2-15。

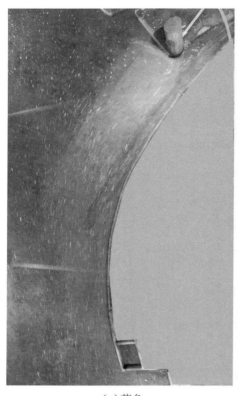 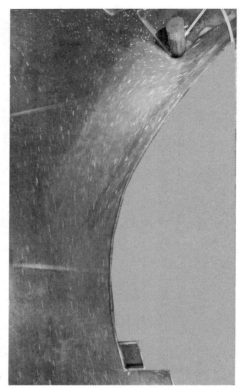

（a）落急　　　　　　　　　　　　　　　（b）涨急

图 7.2-1 "方案 2+整治"实施后物理模型试验流态（2001 年 2 月枯水大潮）

表 7.2-15 "方案 2+整治"实施后潮量变化统计表（数学模型）

水文组合	位　置	落　潮　量				涨　潮　量			
		f0 /万 m³	变化/%			f0 /万 m³	变化/%		
			f2−f0	整治−f2	整治−f0		f2−f0	整治−f2	整治−f0
1993 年 6 月	虎门断面	159365	−0.03	0.00	−0.02	142416	−0.05	0.01	−0.04
	蕉门断面	46315	−0.02	0.00	−0.01	20586	−0.03	0.01	−0.02
	洪奇门断面	22639	−0.01	0.00	0.00	9330	−0.02	0.00	−0.02
	横门断面	27109	0.00	0.00	0.00	5414	0.00	0.00	0.00
	川鼻水道断面	224574	−0.03	0.01	−0.02	191745	−0.06	0.02	−0.04
	茅洲河河口断面	1567	−3.44	2.63	−0.56	1681	−2.18	1.02	−1.18
	龙穴东断面	287280	−0.48	0.04	−0.46	254934	−0.58	0.03	−0.55
	龙穴西断面	21851	0.04	−0.01	0.02	15394	0.05	−0.03	0.02
	内伶仃东断面	241274	−0.23	0.01	−0.22	214151	−0.23	0.00	−0.23
	淇澳东断面	382566	−0.12	0.01	−0.11	350287	−0.12	0.00	−0.12
	金星门断面	35375	−0.03	0.00	−0.03	34046	−0.05	0.00	−0.05

水文 组合	位　置	落　潮　量				涨　潮　量			
		f0 /万 m³	变化/%			f0 /万 m³	变化/%		
			f2－f0	整治－f2	整治－f0		f2－f0	整治－f2	整治－f0
2001 年 2 月	虎门断面	637111	－0.02	0.01	－0.01	576944	－0.03	0.01	－0.02
	蕉门断面	148988	－0.01	0.01	0.00	120353	－0.03	0.01	－0.02
	洪奇门断面	62300	0.00	0.00	0.00	49122	－0.02	0.00	－0.02
	横门断面	78565	0.00	0.00	0.00	55880	－0.02	0.00	－0.02
	川鼻水道断面	864541	－0.03	0.01	－0.02	791158	－0.05	0.01	－0.04
	茅洲河河口断面	6229	－3.11	3.25	0.04	6264	－2.84	2.92	0.00
	龙穴东断面	1136459	－0.50	0.04	－0.46	1049598	－0.56	0.04	－0.52
	龙穴西断面	78486	0.03	0.00	0.03	65018	0.03	0.00	0.03
	内伶仃东断面	928404	－0.23	0.02	－0.21	879546	－0.22	0.02	－0.20
	淇澳东断面	1488891	－0.12	0.01	－0.11	1403249	－0.14	0.01	－0.13
	金星门断面	136402	－0.03	0.01	－0.02	132859	－0.05	0.01	－0.04

注 f0 为规划方案实施前工况；f2 为方案 2 工况；整治是在方案 2 的基础上对茅洲河河口进行泄洪整治的工况。

与方案 2 对比，整治后的潮量变化主要集中在茅洲河河口，导致茅洲河河口断面 2001 年 2 月枯水落潮量增大 3.25%，涨潮量增大 2.92%，其他断面涨、落潮量变化在 0.04% 以内，表明茅洲河河口整治仅对茅洲河有影响，对其他断面的影响与方案 2 接近。

与现状比较，伶仃洋纳潮量减小，工程上游东四口门涨、落潮量变化很小，茅洲河河口断面涨潮量的变化显著减小。在 2001 年 2 月枯水条件下茅洲河河口断面涨、落潮量增大 0～0.04%，龙穴东断面涨、落潮量分别减小 0.52%、0.46%；内伶仃东断面涨、落潮量分别减小 0.20%、0.21%；规划区上游川鼻水道断面及东四口门断面涨、落潮量减小幅度在 0.04% 以内。

综合整治后的潮量变化表明，新的主槽疏通后，能够显著减少滩涂开发利用方案对茅洲河纳潮的影响，有利于维护茅洲河的水体交换能力。

7.2.5　冲刷与淤积计算与分析

7.2.5.1　对附近水域滩槽冲淤速率的影响分析

1. 数学模型成果

"方案 2＋整治"实施一年后各区冲淤统计结果参见表 7.2－16。

在规划方案的基础上实施茅洲河河口主槽开挖整治，可以帮助塑造茅洲河河口新的泄洪纳潮通道，使茅洲河河口－3.0m 槽道全线贯通。从冲淤厚度分布来看，规划区近岸区域上段冲刷强度为 0.041m/a，较现状减少 0.091m/a；中下段淤积厚度约 0.116m/a，较方案 2 增加了 0.032m/a；规划区周边其他区域淤积强度明显减弱，变化值为－0.015～0.016m/a。总之，整治方案可以帮助塑造茅洲河河口新的泄洪纳潮通道，使茅洲河－3.0m 槽道全线贯通，可在一定程度上缓解规划方案对规划区河势稳定的不利影响。

表 7.2－16　　　"方案 2＋整治"实施后附近冲淤变化分区统计　　　单位：m/a

分区号	位　置		冲淤厚度			变化值		
			f0	f2	整治	f2－f0	整治－f0	整治－f2
1	规划区近岸区域	上段	－0.132	－0.107	－0.041	0.025	0.091	0.066
2		中下段	0.001	0.084	0.116	0.083	0.115	0.032
3	茅洲河河口北汊上段		－0.021	－0.365	－0.071	－0.344	－0.050	0.294
4	茅洲河河口北侧浅滩		0.038	0.105	0.038	0.067	0.000	－0.067
5			0.136	0.294	0.124	0.158	－0.012	－0.170
6	茅洲河河口北汊延伸段		0.086	0.159	0.071	0.073	－0.015	－0.088
7	规划区中部以西		0.038	0.082	0.054	0.044	0.016	－0.028
8	规划区南部以西		0.047	0.063	0.054	0.016	0.007	－0.009
9	规划区西侧远区		0.006	0.006	0.005	0.000	－0.001	－0.001

注　f0 为规划方案实施前工况；f2 为方案 2 工况；整治是在方案 2 的基础上对茅洲河河口进行泄洪整治的工况。

图 7.2－2　"方案 2＋整治"动床试验模拟前（虚线为规划主槽中心线）

2. 物理模型成果

"方案 2＋整治"动床物理模型试验结果表明：在茅洲河河口段靠近新岸线实施疏浚，经过河床冲淤调整后，主槽自茅洲河河口向南保留完整，基本沿着规划开挖主槽中心线向南延伸（图 7.2－2 和图 7.2－3）。

"方案 2＋整治"实施后，茅洲河出口主槽发生一定淤积，上游段开挖深槽右侧淤积大于左侧靠岸部分，淤积后主槽靠左岸，深泓线位置主槽高程为－3.58m，深泓淤积厚度约为 0.42m；中游段开挖深槽右侧淤积略大于左侧，深泓线距离堤岸约为100m，深泓线位置主槽高程约为−3.67m，深泓淤积厚度约为0.33m；下游段由于现状主槽位于开挖断面的左岸，导致开挖后该断面主槽−3m以深水域宽度达到300m，所以开挖方案实施后，淤积集中在主槽右侧，深泓线距离堤岸约为150m，深泓线位置主槽高程为−3.71m，深泓淤积厚度约为0.29m。

图7.2−3　"方案2＋整治"动床试验模拟后（虚线为规划主槽中心线）

由方案实施前后深泓线高程沿程变化对比可以看出，方案实施后开挖河槽内上游段深泓线高程较现状地形高，中游段基本一致，下游段较现状地形低，但量值相差不大。可见，虽然深槽开挖后断面回淤量比较大，但回淤主要在开挖深槽两侧，主槽能够维持，且深泓高程与现状相当，在出口处深泓与现状地形深泓位置基本一致。

规划区南段西侧浅滩主要表现为略微冲刷。受涨潮量减少的影响，规划区下游整体表现为微淤。

规划方案、"方案2＋整治"物理模型动床试验成果表明，规划区位于茅洲河和伶仃洋东岸落潮流交汇处，受虎门向东扩散落潮流的挤压，茅洲河落潮流偏向深圳岸线流动。在仅实施方案2时落潮流沿新岸线流动，新槽道疏浚后，水流进一步向主槽道集中。由于整治河槽高程为−4m，主槽表现为回淤，主槽右侧淤积大于左侧，即主槽深泓线靠左岸，淤积后新开挖主槽深泓高程与现状相当，深槽宽度及深度能够维持，−3m等高线贯通。

7.2.5.2　对附近水域滩槽中长期冲淤演变的影响分析

现状条件下及"方案2＋整治"条件下5年后河床冲淤计算结果参见表

7.2－17。

表 7.2－17　　现状和规划方案实施 5 年后河床冲淤厚度统计表　　　　单位：m

分区号	位　置		淤积厚度		
			现状 5 年后	"方案 2＋整治" 5 年后	差值
1	规划区近岸区域	上段	−0.590	−0.347	0.243
2		中下段	−0.243	0.215	0.458
3	茅洲河河口北汊上段		−0.219	−0.489	−0.270
4	茅洲河河口北侧浅滩		0.120	0.144	0.024
5			0.362	0.373	0.011
6	茅洲河河口北汊延伸段		0.174	0.168	−0.006
7	规划区中部以西		0.054	0.108	0.054
8	规划区南部以西		0.111	0.174	0.063
9	规划区西侧远区		0.010	0.004	−0.006

　　现状条件下 5 年后，周边河床冲淤演变趋势与近期基本一致，整治槽道和茅洲河河口北汊所在区域呈微冲态势。规划区近岸区域上段（1 区）5 年后累积冲刷厚度约为 0.590m，规划区近岸区域中下段（2 区）5 年后累积冲刷厚度约为 0.243m；茅洲河河口北汊（3 区）5 年后累积冲刷厚度约为 0.219m，茅洲河河口北汊延伸段（6 区）5 年后累积淤积厚度约为 0.174m；茅洲河河口北侧浅滩（4 区、5 区）5 年后累积淤积厚度约为 0.362m；规划区西侧近岸区域（7 区、8 区）5 年后累积淤积厚度约为 0.111m；距离规划区稍远的伶仃洋东滩（9 区）5 年后累积淤积厚度约为 0.010m。

　　"方案 2＋整治"实施 5 年后，受开挖回淤影响，整治槽道淤积明显加强，规划区近岸区域上段（1 区）5 年后仍呈冲刷态势，但冲刷厚度较现状明显减小，5 年后累积冲刷厚度约为 0.347m，规划区近岸区域中下段（2 区）由现状条件下的冲刷态势转为淤积态势，5 年后累积淤积厚度约为 0.215m；受滩涂开发利用的影响，茅洲河河口北汊及其延伸段流速有所增大，该区域呈现冲刷加强、淤积减弱的趋势，茅洲河河口北汊上段（3 区）5 年后累积冲刷厚度约为 0.489m，茅洲河河口北汊延伸段（6 区）5 年后累积淤积厚度约为 0.168m；茅洲河河口北侧浅滩（4 区、5 区）淤积略有加强，5 年后累积淤积厚度约为 0.373m；规划区西侧近岸区域（7 区、8 区）淤积加强，5 年后累积淤积厚度约为 0.174m；距离规划区稍远的伶仃洋东滩（9 区）5 年后累积淤积厚度约为

0.004m，与现状条件下差别不大。

综上所述，规划方案实施5年后，整治槽道总体淤积量不大，上段仍有所冲刷，中下段淤积，淤积后主槽平均高程低于−3.785m，基本达到稳定状态，可见开挖槽道底高程可维持在−3.5m左右；茅洲河河口北汊上段冲刷强度有所增加，冲刷厚度增加约0.27m；其余区域冲淤变化幅度不大，变化值不超过0.07m。可见，规划方案实施后，茅洲河河口整治后河槽能维持其稳定，且对周边其他区域河床演变影响不大。

7.3 规划长期影响计算与分析

规划实施后周边河床将出现调整，调整后的地形与设计条件差别较大，同时规划实施过程中，周边有关规划的实施连同本规划实施产生累计影响。因此，长期影响计算采用两种边界：一是规划实施后周边河床冲淤调整5年后的地形边界；二是考虑邻近的东莞长安港区规划与本规划联合实施后的边界，主要分析两种边界下泄洪纳潮的变化。

7.3.1 河床冲淤长期影响计算与分析

本节根据规划方案对伶仃洋滩槽5年冲淤演变的计算成果，假定现状水沙条件不变，分析数学模型地形边界分别为规划方案实施前自然演变5年的地形和加规划方案实施后影响演变5年的地形时潮位、潮量的相对变化，研究规划实施对泄洪纳潮的长期影响。

1. 潮位变化

考虑河床5年冲刷和淤积的影响，在洪水、枯水不同水文条件下，研究主要代表站点高高潮位、低低潮位变化情况（表7.3−1）。在"1999年7月+100年一遇洪水"和2001年2月枯水条件下，茅洲河及茅洲河河口高高潮位抬高、低低潮位降低，高高潮位抬高值最大为0.025m，低低潮位最大降低值为0.081m；规划区西侧近岸高高潮位、低低潮位均有所降低，高高潮位变化值不超过0.003m，低低潮位最大降低值为0.128m；其他区域潮位变化很小，不超过0.002m。上述变化表明规划方案引起的河床长期变化对茅洲河及其河口、规划区近岸潮位产生一定影响，对伶仃洋其他水域潮位影响较小。

2. 潮量变化

考虑5年冲刷和淤积的影响，在枯水条件下，主要断面涨、落潮量变化统计成果见表7.3−2。规划方案实施5年后，伶仃洋涨、落潮量减小，距离工程较近的龙穴东断面涨潮量减幅为 0.51%，落潮量减幅为 0.49%；内伶仃东断面涨潮量减少 0.24%，落潮量减少 0.21%；茅洲河河口断面涨潮量减少 0.31%，落潮量减少 0.21%；虎门断面、川鼻水道断面涨潮量减幅不超过 0.06%，落潮量减幅小于 0.02%，变化很小。

表 7.3-1　　　　规划实施 5 年后与现状 5 年后潮位变化统计表　　　　单位：m

采样点	位　　置	"1999 年 7 月＋100 年一遇洪水"		2001 年 2 月枯水	
		高高潮位	低低潮位	高高潮位	低低潮位
1	茅洲河河口	0.024	−0.015	0.002	−0.022
4		0.004	−0.081	0.002	−0.038
13		0.003	0.001	0.002	−0.020
2	茅洲河	0.025	−0.015	0.000	−0.022
3		0.023	−0.009	0.000	−0.024
5	规划区西侧近岸	0.000	−0.128	−0.002	−0.015
6		−0.002	−0.001	−0.003	0.000
7		0.000	0.001	−0.003	−0.002
8		−0.001	0.000	−0.002	−0.003
9	下游宝安港区近岸	0.000	0.000	−0.001	−0.002
10		0.001	0.000	0.000	−0.002
11	下游深圳机场近岸	0.001	−0.002	−0.001	−0.002
12		0.001	−0.002	0.000	−0.002
14	上游东莞长安港区及沙角电厂近岸	0.001	0.000	−0.002	−0.001
15		−0.002	−0.001	−0.001	−0.001
16		0.000	−0.001	0.001	−0.001
17	虎门	−0.001	−0.001	−0.001	−0.002
18	蕉门	0.000	0.000	−0.001	−0.001
19	洪奇门	0.000	0.000	0.000	−0.001
20	横门	0.000	0.000	0.000	−0.001
21	龙穴岛	−0.001	−0.001	0.000	−0.001
22	淇澳岛	0.001	−0.001	0.000	−0.001
23	内伶仃岛	0.001	−0.001	0.000	−0.001

表 7.3－2	规划方案实施 5 年后潮量变化统计表	％

位　　置	2001 年 2 月枯水	
	落潮量变化	涨潮量变化
虎门断面	－0.01	－0.06
蕉门断面	－0.01	－0.02
洪奇门断面	0.00	－0.01
横门断面	0.00	－0.01
川鼻水道断面	－0.02	－0.06
茅洲河河口断面	－0.21	－0.31
龙穴东断面	－0.49	－0.51
龙穴西断面	－0.02	0.01
内伶仃东断面	－0.24	－0.21
淇澳东断面	－0.12	－0.11
金星门断面	－0.04	－0.06

3. 影响分析

整治规划实施后，开挖的主槽出现淤积，周边的浅滩以淤积为主，总体上滩槽呈现淤积趋势。受其影响，茅洲河洪水位略有抬升，对东四口门及较远的伶仃洋水域潮位影响很小；茅洲河纳潮量略有减小，对伶仃洋纳潮的影响与短期影响基本相同。

7.3.2　本规划与长安港区规划实施累积影响计算与分析

考虑长安港区规划实施与本规划方案实施的叠加影响，数学模型计算采用的滩涂开发利用边界参见图 7.3－1，地形采用深圳市海洋新兴产业基地滩涂利用规划方案实施 5 年后的地形。洪水、枯水条件下潮位变化统计成果参见表 7.3－3，潮量变化统计成果参见表 7.3－4。

1. 潮位变化

在 "1997 年 7 月＋100 年一遇洪水" 洪水条件下，茅洲河及茅洲河河口高高潮位抬高、低低潮位降低，高高潮位抬高值最大为 0.036m，低低潮位最大降低值为 0.066m；规划区西侧近岸高高潮位、低低潮位均有所降低，高高潮位变化值不超过 0.006m，低低潮位最大降低值为 0.123m；长安港区及沙角电厂近岸高高潮位抬高、低低潮位降低，高高潮位抬高值最大为 0.008m，低低潮位最大降低值为 0.031m；伶仃洋其他区域潮位变化较小，不超过 0.007m。

在 2001 年 2 月枯水条件下，茅洲河及茅洲河河口高高潮位、低低潮位均降低，高高潮位降低值最大为 0.009m，低低潮位最大降低值为 0.040m；规划

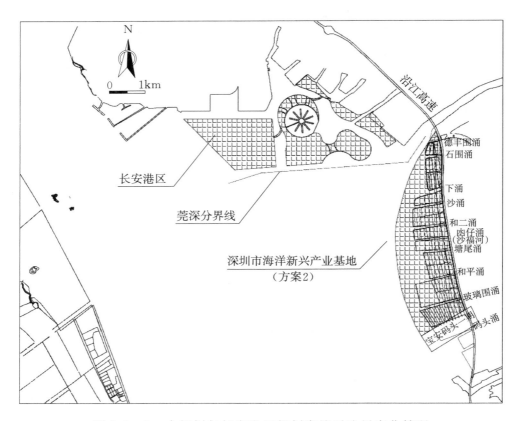

图 7.3-1　本规划与长安港区规划实施后边界变化情况

表 7.3-3　　　　本规划与长安港区规划实施后潮位变化统计表　　　　　单位：m

采样点	位　　置	"1999 年 7 月＋100 年一遇洪水"		2001 年 2 月枯水	
		高高潮位	低低潮位	高高潮位	低低潮位
1	茅洲河河口	0.036	0.000	−0.002	−0.027
4		0.006	−0.066	−0.003	−0.040
13		0.013	0.069	−0.009	0.015
2	茅洲河	0.035	−0.001	−0.003	−0.028
3		0.030	0.001	0.000	−0.030
5	规划区西侧近岸	−0.003	−0.123	−0.004	−0.013
6		−0.004	−0.002	−0.004	−0.005
7		−0.003	−0.001	−0.003	−0.008
8		−0.006	−0.002	−0.003	−0.009
9	下游宝安港区近岸	−0.003	−0.001	−0.002	−0.006
10		0.000	−0.002	−0.001	−0.006

采样点	位　　置	"1999 年 7 月＋100 年一遇洪水"		2001 年 2 月枯水	
		高高潮位	低低潮位	高高潮位	低低潮位
11	下游深圳机场近岸	0.002	−0.007	−0.002	−0.007
12		0.003	−0.007	−0.001	−0.006
14	上游东莞长安港区及沙角电厂近岸	−0.004	0.004	−0.040	−0.009
15		0.008	−0.031	−0.030	−0.037
16		0.004	−0.003	0.002	−0.001
17	虎门	0.000	−0.006	−0.002	−0.005
18	蕉门	0.000	−0.003	−0.001	−0.001
19	洪奇门	0.000	−0.001	−0.001	−0.001
20	横门	0.000	−0.001	−0.001	−0.001
21	龙穴岛	0.002	−0.004	0.002	−0.001
22	淇澳岛	0.002	−0.003	0.000	−0.001
23	内伶仃岛	0.004	−0.003	0.001	−0.001

表 7.3－4　　　本规划和长安港区规划实施后潮量变化统计表　　　　　　　%

采样点	位　　置	2001 年 2 月枯水	
		落潮量变化	涨潮量变化
1	虎门断面	−0.04	−0.08
2	蕉门断面	−0.02	−0.03
3	洪奇门断面	−0.01	−0.02
4	横门断面	−0.01	−0.01
5	川鼻水道断面	−0.04	−0.09
6	茅洲河河口断面	−0.46	−0.82
7	龙穴东断面	−1.60	−1.86
8	龙穴西断面	0.06	0.09
9	内伶仃东断面	−0.77	−0.67
10	淇澳东断面	−0.40	−0.38
11	金星门断面	−0.11	−0.17

区西侧近岸高高潮位、低低潮位均有所降低，高高潮位变化值不超过 0.006m，低低潮位最大降低值为 0.013m；长安港区及沙角电厂近岸高高潮位、低低潮位均降低，最大降低值为 0.037m；伶仃洋其他区域潮位变化较小，不超过

0.007m。

上述变化表明，在长安港区规划实施与本规划实施的叠加影响下，各水域的潮位变化幅度有所增大，其中茅洲河及其河口高高潮位壅高值增加了0.011m。

2. 潮量变化

在长安港区规划实施与本规划实施的叠加影响下，伶仃洋涨、落潮量减小，距离工程较近的龙穴东断面涨潮量减幅为1.86%，落潮量减幅为1.60%；内伶仃东断面涨潮量减少0.67%，落潮量减少0.77%；茅洲河河口断面涨潮量减少0.82%，落潮量减少0.46%；虎门断面、川鼻水道断面涨潮量减幅不超过0.09%，落潮量减幅小于0.04%，变化很小。可见，长安港区与本规划实施后，潮量变化值增大，伶仃洋东部纳潮量减小幅度增加了1.37%。

3. 影响分析

长安港区位于交椅湾北侧浅滩区，规划占用水域面积为5.65km²，大于深圳市海洋新兴产业基地新增占用水域面积（3.01km²），导致两者实施后伶仃洋纳潮量减幅增大。茅洲河遭遇百年一遇洪水时，部分洪水向交椅湾北侧宣泄，长安港区进一步缩窄了洪水宣泄通道，导致洪水位进一步抬升。总体上看，东四口门及伶仃洋较远水域的潮位变化幅度在0.007m以内，对东四口门泄洪影响不大。

7.4　河势影响分析

"方案2＋整治"实施将改变现有岸线和滩槽格局，导致附近河道水动力环境重新调整，整治加速新槽道的形成。本节从水动力状况、冲刷和淤积等方面综合分析规划方案对河势的影响。

整治实施后，伶仃洋东部水域纳潮量依旧减小，主要受滩涂开发利用后，伶仃洋的纳潮面积减小所致，龙穴东断面枯水涨潮量减小0.52%，主要影响伶仃洋东侧水域，内伶仃东断面涨潮量减小0.20%，淇澳东断面涨潮量减小0.13%；整治主要影响茅洲河河口断面潮量，由仅实施滩涂开发利用方案时减小3.11%转变为增大0～0.04%。

"方案2＋整治"实施后，落潮水流顺深槽运动，在深槽出口处与伶仃洋水流交汇，该出口位置与原深槽－3m等高线基本重合，与涨、落潮水流流向趋于一致，茅洲河落潮流和伶仃洋落潮流交汇点位置变化不明显。槽道形成后，涨、落潮流向槽道内集中，流速显著增大，有利于维护新槽道的稳定。

规划方案实施前，茅洲河出口－3.0m 槽道全线贯通，主槽处于微冲态势，主槽西北侧的交椅湾浅滩呈现淤积趋势。新槽道顺岸线疏浚，疏浚后水流进一步向新槽道集中。动床模型试验表明，新槽道能够维持－3m 槽道的畅通，能够保持新槽道的稳定，距离规划区稍远的伶仃洋滩槽基本不受影响。数学模型计算成果表明，规划方案实施 5 年后，整治槽道总体淤积量不大，上段仍有所冲刷，中下段淤积，淤积后主槽平均高程低于－3.785m，基本达到稳定状态，开挖槽道底高程可维持在－3.5m 左右，且对周边其他区域河床演变影响不大。

综合规划方案对潮量分配、流速、流态、冲淤的影响分析可知，规划方案实施对茅洲河泄洪纳潮影响很小，流速、流态影响集中在规划区域西侧水域，对其他水域影响较小，整治疏浚后的主槽能够保持稳定。

7.5　排 涝 影 响 分 析

规划方案排涝影响体现在规划实施改变周边水域的排涝条件，尤其是规划上游的茅洲河及其内河排涝条件。

1. 对茅洲河及其内河排涝的影响

规划方案对已有排涝工程的不利影响主要体现为，低潮位的升高减小了排水的水头，降低了排涝设施的排水能力。选用中洪水条件分析低低潮位变化对潮排的影响。

根据潮位变化分析结果，规划区占用了茅洲河河口主槽，滩涂开发方案对潮位的影响集中在茅洲河河口，造成低潮位抬高，不利于茅洲河泄洪和排涝，因此，滩涂开发的同时必须进行茅洲河河口整治。进行茅洲河河口整治后，根据规划方案实施前后茅洲河 2 年一遇设计洪水遭遇外海 2005 年 6 月潮型的潮位计算结果，茅洲河高高潮位略有升高，而低低潮位降低约 0.158m。根据规划实施 5 年后地形边界下的潮位分析成果，茅洲河河口高高潮位抬高、低低潮位降低。总体来看，进行茅洲河河口泄洪整治后，规划实施对茅洲河及其内河的排涝影响不大。

2. 对长安新区附近河涌的排涝影响

规划区北侧邻近东莞长安新区。在现状情况下，长安新区附近有 5 条河涌自北至南排入交椅湾。滩涂开发利用方案和整治方案实施后，在茅洲河 2 年一遇设计洪水遭遇外海 2005 年 6 月潮型的水文组合下，东莞长安港区及沙角电厂近岸的低低潮位有升有降，升高幅度在 0.001m 以内，可见本规划实施对长安新区现状后方陆域的河涌排涝影响很小。

　　长安新区规划实施过程中，长安新区后方陆域水系将重新规划，新建长安新河，其出口位于规划区上游的茅洲河内。根据前文分析成果，滩涂开发利用方案和整治方案实施后，茅洲河低低潮位有所降低，规划实施对茅洲河及其内河的排涝影响不大，因此本规划实施对长安新河的排涝影响也不大。

第 8 章

防洪（潮）、排涝工程初步规划

8.1 防洪（潮）、排涝工程规划原则

（1）与深圳市防洪（潮）、排涝规划一致。

（2）与大空港地区总体规划协调一致。

（3）合理布局、整体优化。

（4）科学性、实用性、经济性和可操作性。

（5）防洪与排涝相结合，充分考虑洪涝规律和河道上下游、左右岸的关系。

（6）理顺水系，调蓄径流，疏通外排出路，在满足防洪排涝要求的前提下，改善城市景观、美化环境。

（7）与现有防洪（潮）工程、排涝工程衔接一致。

（8）保证重点，兼顾一般，分期实施，近期与远期相结合。

8.2 规 划 标 准

8.2.1 防洪（潮）标准

《珠江流域综合规划》[17]中规划防洪（潮）标准为，流域内一般地级城市50年一遇～100年一遇；珠江三角洲重点堤防保护区（100年一遇～200年一遇，其他重要堤防保护区达到50年一遇～100年一遇；珠江河口区重点海堤50年一遇～100年一遇，重要海堤达到20年一遇～50年一遇。

《广东省江河流域综合规划总报告》[18]中规划防洪（潮）标准为，地级以上城市 100 年一遇，珠江三角洲重点防洪保护区 100 年一遇～200 年一遇，一般防洪保护区 50 年一遇～100 年一遇；珠江河口重点海堤 50 年一遇～100 年一遇，一般海堤 10 年一遇～20 年一遇。

《深圳市防洪潮规划修编及河道整治规划（2014～2020）》确定西部沿海区域分区 2020 年防洪潮能力达到 200 年一遇；城市排涝标准以河流、湖泊为涝水收集体系的区域，并且集雨面积大于 10km²，采用 20 年一遇洪水不受涝标准；外江（河、湖、海）水位，采用 20 年一遇洪水位。

《深圳市大空港水系布局研究及治理规划》[19]规定，大空港防洪标准为 200 年一遇，大空港主要河道采用 50 年一遇～100 年一遇防洪标准。茅洲河左岸河口段整治采用 100 年一遇防洪标准。大空港上游旧城区的德丰围涌、石围涌、下涌、沙涌、沙福河、坳颈涌整治采用 50 年一遇防洪标准。

本规划区规划采用防洪潮标准按 200 年一遇设防，海堤及水闸不低于 200 年一遇防洪（潮）标准设防，规划区内主要河道采用 50 年一遇防洪标准。

8.2.2　排涝标准

《珠江流域综合规划》中规划城市治涝标准为，20 年一遇或 10 年一遇年最大 24 小时设计暴雨 1 天排完且城区不致灾，珠江三角洲平原区一般采用抽排标准。

根据粤府办〔2002〕95 号文件《转发国务院办公厅转发水利部关于加强珠江流域近期防洪建设若干意见的通知》排涝标准：特别重要的城市市区，采用 20 年一遇 24 小时设计暴雨 1 天排完的标准；重要城市市区、中等城市和一般城镇市区采用 10 年一遇 24 小时设计暴雨 1 天排完的标准。

《深圳市防洪潮规划修编及河道整治规划（2014～2020）》确定深圳市城市受涝区域的治理标准：以河流、湖泊为涝水收集体系的区域，并且集雨面积大于 10km²，采用 20 年一遇洪水不受涝标准；以城市雨水排水管涵为涝水收集的区域，其排涝标准与《深圳市城市排水管网规划》标准相一致，即采用暴雨重现期为 2～3 年的标准；外江（河、湖、海）水位，采用 20 年一遇洪水位。

《深圳市大空港水系布局研究及治理规划》中空港新城的内涝防治设计重现期定为 50 年，即通过采取综合措施，有效应对不低于 50 年一遇的暴雨。

本规划区规划排涝标准为 50 年一遇洪水 24 小时排干。

8.3　防洪（潮）工程规划

8.3.1　工程布局

本次规划的深圳市海洋新兴产业基地是大空港的一部分，故本次工程防洪（潮）治涝工程方案布局基本沿用大空港防洪（潮）治涝工程方案布局。涉及本规划范围内的防洪（潮）治涝工程方案有海堤、截流河、北连通渠、南连通渠、截流河集中抽排泵站、截流河处水闸以及北连通渠处水闸。

8.3.2　工程规模

1. 堤顶高程确定

根据《海堤工程设计规范》（SL 435—2008）[20]，堤顶高程根据设计高潮位、波浪爬高及安全加高值按式（8.3-1）计算，并应高出设计高潮位 1.5～2.0m。

考虑深圳市海洋新兴产业基地的重要性，确定本工程海堤堤顶高程按 200 年一遇高潮位加上同频率波浪爬高及安全加高值控制：

$$Z_p = h_p + R_F + A \qquad (8.3-1)$$

式中：Z_p 为设计频率的堤顶高程，m；h_p 为设计频率的高潮位，m；R_F 为按设计波浪计算的累积频率为 F 的波浪爬高值，m，按累计率 $p=13\%$ 计算值采用；A 为安全加高值，m。

根据《深圳市大空港水系布局研究及治理规划》，截流河与连通渠堤防需发挥防潮的功能，因此截流河与南北连通渠在满足相应河道治理标准的同时，也要满足 200 年一遇防潮标准。本规划区范围内茅洲河河口段海堤、外海堤、截流河及连通渠堤顶控制高程详见表 8.3-1。

表 8.3-1　　　　　200 年一遇防潮标准堤顶高程计算参数表　　　　单位：m

区段位置	允许越浪工况			不允许越浪工况		
	1:1	1:2	1:3	1:1	1:2	1:3
茅洲河河口	5.6	6.0	5.2	6.7	7.3	6.3
外海堤	6.7	6.6	5.6	8.1	8.0	6.6
截流河北端	—	—	3.7	—	—	4.2
截流河南端	—	—	3.8	—	—	4.2
南连通渠	—	—	3.7	—	—	4.2
北连通渠	—	—	3.6	—	—	4.1

斜坡式海堤坡度分别按 1:1、1:2、1:3 三种情况计算分析，结果表明临海侧坡度选择 1:3 更有利于消减波浪爬高，同时较缓的坡度可以有更大的空间进行城市景观设计。是否允许越浪工况对堤顶高程影响也比较大，本规划建议堤顶高程可按允许越浪工况考虑，后期工程设计阶段应相应布置堤后的排水等措施以保障堤身的安全。

2. 堤身断面设计

（1）海堤。分析片区岸线规划和用地布局，结合现状岸线和地形情况，以生态、安全、因地制宜为指导思想，初拟片区建设直立型、错台型、生态型三种典型的海堤断面型式。

（2）截流河。截流河开口宽度宜取 100m，采用生态复式断面型式，预埋截污箱涵，有承接上游排水、截污、滨水休闲和检修交通等功能。截流河的规划底高程根据现状各河涌衔接位置的高程确定。北出口底高程为 −2.2m，南出口底高程为 −3.3m，河道纵坡为 0.05‰～0.87‰。

（3）连通渠。北连通渠作为下涌的下游河段，将截流河连接入海；规划长度 2.11km，进出口规划控制底高程分别为 −2.0m、−2.5m，规划纵坡为 0.24‰，控制河道开口宽度为 60m，采用生态复式断面型式。南连通渠在现状塘尾涌的基础上进行改造，将截流河连接入海；规划长度为 3.08km，进出口规划控制底高程分别为 −1.48m、−3.0m，规划纵坡为 0.48‰，控制河道开口宽度为 60m，断面采用与北连通渠相同的型式。

8.4 排涝工程规划

8.4.1 工程布局

在截流河北段和北连通渠与现状西海堤交汇位置设置水闸，同时在截流河下涌和沙涌汇入口之间设置水闸，北片区排水进入封闭区域后，利用设在截流河北节制闸附近的泵站进行集中抽排。

8.4.2 工程规模

1. 水闸

截流河北、北连通渠和截流河中节制闸，除主要在治涝体系中发挥作用，还兼作挡潮和水力控导的作用，规划区内水闸各设计参数见表 8.4−1。沙涌、和二涌、沙福河、塘尾涌、和平涌和玻璃围涌河口节制闸在排涝时应全部打开。

2. 排水泵站

排涝泵站配套水闸的目标是，满足受涝区域内 50 年一遇暴雨、重现期 5

年的雨水管渠自排的要求。按《泵站设计规范》（GB 50265—2010）[21]，排水泵站分类指标及泵站建筑物级别划分，确定本规划中泵站的工程等别及建筑物级别（表 8.4-2）。

表 8.4-1 规划区内水闸各设计参数

工程位置及名称		设计水位 /m	闸底高程 /m	闸孔参数	
水闸名称	位置			单孔净宽/m	孔数/个
截流河北节制闸	德丰围涌汇入口、现状西海堤	2.87	−2.1	12	5
北连通渠节制闸	现状西海堤	2.87	−2.27	12	3

表 8.4-2 本规划泵站工程等别及建筑物级别

泵站名称	服务区域	集水面积 /km²	抽排流量 /(m³/s)	泵站规模	泵站等别	永久建筑物级别	
						主要建筑物	次要建筑物
截流河北片区集中泵站	德丰围涌、石围涌、下涌	10.05	90.0	大（2）	Ⅱ	2	3

第 9 章

规 划 协 调 性 分 析

9.1 滩 涂 利 用 规 划

根据《珠江河口综合治理规划》，伶仃洋东滩水域可利用滩涂面积为6567hm²。茅洲河河口经机场至棚头咀可利用滩涂面积为3756hm²，规划为开发利用区；围外滩涂可形成红树林生态系统自然保护区；其余2811hm²滩涂规划为保留区。规划区部分区域位于开发利用区，部分区域位于保留区。

保留区是指现状河势不稳定、滩涂演变剧烈，或河势控制方案尚未确定、开发利用影响不明确，或近期尚不具备开发利用条件，或开发保护控制条件存在明显争议的河口海岸滩涂。保留区一般暂时保留、不予开发利用，将来视附近水域的演变情况和经济发展需要而确定功能，在未开发前应保留其湿地功能或作为河口自然演变和泥沙堆积的缓冲区域和滩涂增养殖区域。保留区在将来开发利用时应与河口总体规划相适应，并从泄洪纳潮、生态环境、航运交通等方面进行专题论证，以发挥滩涂的综合利用效益。

伶仃洋东滩保留区划定的理由主要是：伶仃洋两岸实施了一系列开发建设工程，内伶仃洋泄洪纳潮面积减少，同时该区域直面凫洲水道、虎门和茅洲河等泄洪纳潮通道，在此区域内实施滩涂开发将会缩窄内伶仃洋和茅洲河河口通道，且伶仃洋东槽矶石水道北侧有一支槽（－5m高程）深入至本区域中心，为东槽支槽涨、落潮时的潮蓄空间，因此，将其划为保留区。

深圳市海洋新兴产业基地滩涂开发利用规划方案涉及《珠江河口综合治理规划》中划定的保留区，占用的保留区位于茅洲河河口深圳侧滩涂，占用保留

区面积为 $0.80km^2$ （图 9.1 - 1）。

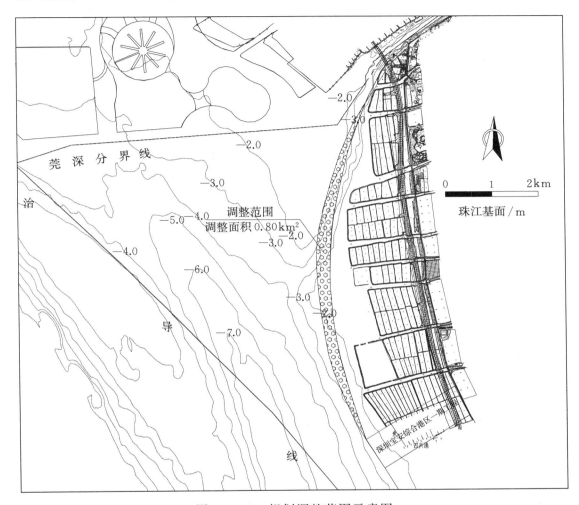

图 9.1 - 1 规划调整范围示意图

茅洲河河口深圳侧滩涂划为保留区理由是保障茅洲河的泄洪纳潮通道，本滩涂规划在划定时已经考虑了茅洲河泄洪纳潮，故该片保留区已经具备调整为开发利用区的条件。

9.2 滩涂规划功能区调整可行性分析

根据遥感信息、原型资料分析、数学模型及物理模型试验研究成果，结合规划方案现状条件、深圳市经济发展现状及未来经济发展需求，从水动力、冲淤变化、滩涂演变、防洪、水环境、生态、航运交通、社会经济等方面，论证将规划保留区功能调整为开发利用区的可行性。

9.2.1　水动力环境的变化分析

1. 对潮位的影响

在茅洲河河口泄洪整治的基础上实施深圳市海洋新兴产业基地滩涂利用规划方案，茅洲河及其河口水域高高潮位壅高值普遍减小。与现状比较，茅洲河100年一遇洪水时高高潮位最大壅高值为 0.012m，低低潮位从壅高转为降低，最大降低值为 0.160m；规划区上游长安港区及沙角电厂近岸水域高高潮位降低，低低潮位抬高，潮位变幅均较小，最大变化值不超过 0.004m；规划区下游深圳港宝安综合港区及深圳机场近岸水域高高潮位抬高、低低潮位降低，最大变化值不超过 0.003m；距离规划区较远的口门和伶仃洋其他水域潮位受规划方案影响很小，潮位基本不变。

2. 对流场的影响

在考虑茅洲河河口泄洪整治的基础上，涨、落潮主流顺新开挖深槽上涨和下泄，水流较为顺畅，茅洲河落潮流和伶仃洋落潮流交汇点位置变化不明显。规划方案实施后，变化较明显的区域主要位于规划区西侧近岸水域，其余水域流态变化不明显，距离规划区越远，流态变化越小。

3. 对河势稳定的影响

滩涂开发规划占用滩涂面积 7.44km²，新增占用水域面积 3.01km²，减小了伶仃洋纳潮面积。规划方案实施后，伶仃洋纳潮量减小，规划方案下游龙穴岛东断面涨、落潮量分别减小 0.56%、0.50%，内伶仃岛东断面涨、落潮量分别减小 0.22%、0.23%；规划方案上游川鼻水道断面及东四口门涨、落潮量变化很小，变化幅度在 0.04%。

由流速、流态变化分析可知，规划方案实施后，距离规划区越远，流场变化越小，对流场的影响集中在规划区西侧附近水域。规划区占用了茅洲河河口外主槽，导致主槽以西浅滩流势增强。在规划区北段岸线导流作用下，规划区南侧原主槽位置的流势有所减弱，规划区西侧水域流速增大。茅洲河落潮流和伶仃洋落潮流交汇点略有北移，进出茅洲河的涨、落潮流顺深槽运动，在深槽出口处与伶仃洋水流交汇，茅洲河落潮流和伶仃洋落潮流交汇点位置变化不明显。槽道形成后，涨、落潮流向槽道内集中，流速显著增大，有利于维护新槽道的稳定。

综合滩涂开发利用规划方案对潮量、流速、流态的影响分析可知，滩涂开发利用规划方案对于茅洲河泄洪纳潮有一定影响，流速、流态影响集中在规划区域西侧水域，对其他水域影响较小，滩涂开发利用规划方案对规划区附近冲淤变化影响局限于围填区西侧中上部的茅洲河河口交椅湾。因此，有必要进行茅洲河河口整治以稳定河势。在滩涂开发利用的同时进行茅洲河河口泄洪整治后，新槽道能够维持－3m槽道的畅通，能够保持新槽道的稳定，同时减弱了规划方案对其余浅滩冲淤的影响，距离规划区稍远的伶仃洋滩槽基本不受影响。

9.2.2 对冲淤环境的影响分析

规划方案实施前，茅洲河河口－3m槽道全线贯通，主槽处于微冲态势，主槽西北侧的交椅湾浅滩呈现淤积趋势。规划方案实施后，动床模型试验表明，新槽道开挖至－4m后，新槽道内出现淤积，淤积集中在主槽右侧，调整的深泓高程为－3.58～－3.71m，能够维持－3m槽道的畅通，并保持稳定；距离规划区稍远的伶仃洋东滩基本不受影响。数学模型计算成果表明，规划方案实施5年后，整治槽道总体淤积量不大，上段仍有所冲刷，中下段淤积，淤积后主槽平均高程低于－3.79m，基本达到稳定状态，开挖槽道底高程可维持在－3.5m左右，且对周边其他区域河床演变影响不大。

9.2.3 对滩涂演变的影响分析

在伶仃洋"两槽三滩"整体特征未改变的前提下，东槽发展将继续保持平稳。这将有利于东滩长期保持微淤为主但冲淤基本平衡的态势，这也是规划区附近滩槽的主要发展格局。

规划实施后，茅洲河河口深槽被围填，为保证上游泄洪排涝的安全，需在规划区外侧规划新的出口槽道。规划主槽落潮流更为顺畅，将保持向西南向延伸的态势，出口段向南偏移，同时受到湾外潮流作用，向伶仃洋延伸空间不大。

茅洲河河口深槽主要是茅洲河落潮流冲刷而成，自20世纪80年代以来，2m以深主槽不断向西南延伸，同时受到虎门落潮流的压制作用，主槽道向南有所偏移，深槽表现出一定的不稳定性。规划实施后，为保证上游泄洪排涝的安全，需在规划区外侧规划新的出口槽道。新规划主槽拟以平滑曲线与伶仃洋东槽支汊平顺衔接，落潮流较之前主槽走向更为顺畅，可与西侧虎门落潮流平顺衔接，为维护主槽稳定提供了较强的水动力条件。同时在湾外虎门南向落潮流的影响，主槽下游出口段仍向南偏转。随着落潮主槽伸出湾外，其受到东槽涨潮流的作用将越来越明显，在东槽涨潮流的作用下，新主槽向湾外进一步延伸的空间不大。

规划实施后，岸线向外推移，且南侧占用水域大于北侧，外侧涨潮沟汊涨潮流对茅洲河主槽落潮流的影响减弱，湾内部滩淤槽冲现象加剧，滩、槽进一步分化，为维护深槽的稳定提供了良好条件。对于规划区南部所在的浅滩，规划侵占部分滩面，东槽水流进一步集中，水动力将有所增强，东滩进一步缩窄，规划区南侧东滩区域冲刷强度将有所增加。综合来看，规划的实施对伶仃洋的滩槽格局影响有限，新规划的茅洲河河口主槽可保持基本稳定。

9.2.4　对防洪的影响分析

1. 对行洪安全的影响

规划方案实施后东四口门及伶仃洋水域潮位基本不变，在考虑茅洲河河口泄洪整治的基础上，茅洲河洪水位壅高值显著降低，茅洲河河口在 100 年一遇洪水条件下高高潮位壅高值为 0.012m（数学模型）、0.00m（物理模型），洪水低低潮位降幅为 0.160m（数学模型）、0.08m（物理模型），表明规划方案实施后形成新的滩槽对茅洲河泄洪的影响不大。

2. 与现有防洪标准、有关技术要求和管理要求的适应性

根据《中华人民共和国水法》《中华人民共和国防洪法》及《中华人民共和国河道管理条例》等的规定：①河道管理范围内建设项目必须符合国家规定的防洪标准和其他技术要求，维护堤防安全，保持河势稳定和行洪、航运通畅；②修建桥梁、码头和其他设施，必须按照国家规定的防洪标准所确定的河宽进行，不得缩窄行洪通道。根据《珠江河口管理办法》（1999 年 9 月 24 日，水利部第 10 号令）的第四条：珠江河口的整治开发，必须遵循有利于泄洪、维护潮汐吞吐、便利航运、保护水产、改善生态环境的原则，统一规划，加强监督管理，保障珠江河口各水系延伸、发育过程中入海尾闾畅通。

根据《广东省河口滩涂管理条例》第四条：开发利用河口滩涂资源，必须保障行洪安全和纳潮需要，实行兴利与除害相结合，统筹兼顾交通、水产养殖、国土资源开发、改善生态环境等，保障河口的合理延伸，发挥滩涂资源的综合效益。本次规划区在规划治导线以内，根据数学模型和物理模型壅水计算成果，规划方案对伶仃洋东四口门泄洪纳潮影响很小，虽占用了茅洲河河口主槽，但通过茅洲河河口泄洪整治，增加茅洲河排洪能力，保障茅洲河入海尾闾基本畅通。本规划规划采用防洪潮标准按 200 年一遇洪水设防。建议在下阶段具体工程设计时须严格按照有关技术要求和管理要求进行设计。

3. 对现有防洪工程、河道整治工程及其他水利工程与设施的影响

（1）堤防。根据壅水和流速分析成果，对上游口门以上河道洪潮水位影响很小，东四口门的潮位基本没有变化，距离规划区较远的区域流速变化很小，因此，规划实施对距离规划区较远的伶仃洋堤防安全影响很小。规划实施后，

规划区西北侧流速增大，茅洲河河口北侧岸线附近涨、落潮流速变化在
0.05m/s 以内，对茅洲河河口北侧规划区的围堤附近流速影响较小，对局部的
堤脚稳定不利。但实施茅洲河河口泄洪整治后，潮流向新槽道集中，可以减小
茅洲河河口右侧堤脚的流速增幅，减小对岸线稳定的影响。

（2）水闸。规划区域目前共建有挡潮水闸 9 座，均为小（1）型水闸。根
据《深圳市大空港水系布局研究及治理规划》，对规划区内河涌和水闸重新规
划，保障规划区及周边区域排涝顺畅。

4. 对防汛抢险的影响

规划区不占用现有防洪抢险通道，对防汛抢险无影响。

5. 对第三方合法水事权益的影响

规划区涉及的第三方，有广深沿江高速公路、深圳港宝安综合港区一期工
程（正在施工）、东莞市虎门港长安港区（已批复）、西海堤、红树林、高压
线、鱼塘、欣三和建材有限公司、边防管理区沙井工作站、边防码头、废旧汽
车存放场、航道、锚地、拟建沿江高速沙井互通立交项目等。规划方案的实施
对第三方均产生一定影响，建议在规划方案实施前必须先处理好与第三方的
关系。

9.2.5　对水环境的影响分析

本规划滩涂开发后将造成茅洲河纳潮量降低，进行茅洲河河口整治后，在
数学模型 5 年冲淤后地形情况下，茅洲河河口断面涨潮量减少 0.31%，可见规
划实施对茅洲河水体交换具有不利影响，但影响不大。建议开展本规划和长安
新区规划实施对茅洲河水环境累积影响研究。

规划区内的建设工程进行围填施工时，围堰、疏浚、吹填作业将造成悬浮
泥沙的增加，会对水环境产生影响。施工过程中产生的废水，如施工现场的混
凝土搅拌用水、浇注养护水、施工生活用水及其他机械用水等，若未经处理
直接排入河口都会对河口水环境造成一定影响。因此，施工污水应经污水处理
系统统一收集处理后再达标排放。此外，要做好溢流、漏油等风险事故的防范
工作，防止风险事故对水环境造成污染。

9.2.6　对生态的影响分析

1. 对海洋生物的影响

围填作业将永久性改变水域属性，因而规划区范围内底栖生物的生境将被
完全破坏，底栖生物也将全部死亡。施工期间产生的悬浮泥沙使周围水中悬浮
物浓度增大，透明度降低，引起浮游植物光合作用的减少，同样会对浮游植物
产生一定的影响和破坏。另外，规划围填减少了水域面积和水体体积，相对减

少了浮游植物的生存空间，减少了区域浮游植物的总量。同时，浮游动物也将因阳光的透射率下降而迁移别处，浮游动物将受到不同程度的影响。尽管施工过程中不可避免地会对海洋生物产生不同程度的不利影响，但施工期这种影响是暂时的、局部的，随着施工作业的结束，其影响将随之消失。另外，由于水体的自净能力强，水体浑浊将逐渐消失，水质将逐渐恢复。营运期间，周边水域底质和水质环境相对稳定，对海洋生物影响不大。

2. 对渔业资源的影响

施工产生的悬浮物可以阻塞鱼类的鳃，造成其呼吸困难，严重的可能会引起死亡，规划范围内具体项目施工对渔业资源会产生一定的影响。悬浮物对渔业资源的影响除可产生直接致死效应外，还存在间接、慢性的影响，例如：①造成生物栖息环境的改变或破坏，引起食物链和生态结构的逐步变化，导致生物多样性和生物丰度下降；②造成水体中溶解氧、透光度和可视性下降，使光合作用强度和初级生产力发生变化，影响某些物种的生长和发育；③混浊的水体使某些物种的游动、觅食、躲避灾害、抵抗疾病和繁殖的能力下降，降低生物群体的更新能力等。

规划方案围填及施工造成潮间带生物、底栖生物、浮游生物和鱼类等的一次性损失。海洋生物一次性损失后，随着施工结束，所在水域可以随着时间的推移得到逐步恢复。施工期间，围填区内的养殖将受到影响，施工活动对渔业资源也将造成一定损失。

为弥补规划方案实施所造成的生态损失，减缓对规划涉及的水域渔业资源造成的影响，规划实施单位应将本规划围填实施造成的生态损失补偿经费纳入投资预算中，严格用于生态修复，主要包括增殖放流、跟踪监测、效果评估和养护管理。

9.2.7　对航运交通的影响分析

规划区附近水域有广州港航道、公沙水道等，以及黄田 3 号锚地和小型货轮防台泊区。广州港出海航道原为天然航道，仅可通航 5000～7000 t 级船舶。1954 年起开辟莲花山西航道和伶仃西航道，至 1959 年万吨级船舶可乘潮进入黄埔老港。1996—2012 年，广州港出海航道建设了一期工程、二期工程、拓宽工程和三期工程，通航能力由原来的 1 万 t 级提升至 10 万 t 级。航道水深由 -9 m 浚深至 -17 m，宽度为 243m。西槽又称伶仃水道，位于中滩和西滩之间，由川鼻水道经舢舨洲东侧和内伶仃岛西侧，再由大濠岛与桂山岛之间深槽流入外海，该深槽长期以来作为广州港出海航道一直在使用和维护。公沙水道南起前海湾，北接交椅沙湾水域，水道中心线为点 H1（22°32′52″N，113°50′

56″E）和点 H2（22°42′47″N，113°42′53″E）连线，航向为 144°—324°，水深 2～4.5m，全长约 12 海里。黄田 3 号锚地和小型货轮防台泊区两个锚地都位于公沙水道，交椅湾东南面。

本规划方案占用公沙水道。公沙水道内通航船舶大多为小型船舶，通航密度不大。规划的实施导致公沙水道航道通航密度增加，航行环境变得复杂。因此，在施工前应向有关管理部门申请发布航行通告，告知附近船舶公沙水道占用情况；施工过程中对附近交通流进行疏导，保障船舶航行安全；施工结束后，对所占用的公沙水道附近水域进行一定的补偿性疏浚，方便过往船舶通航。

除公沙水道外，规划方案与附近其他航道、航线或水道均无重合，相对距离较大，本规划实施后对在附近航道、航线或水道中航行的船舶影响比较小。但本规划实施过程中，施工船舶进出施工水域会经过这些航道，由于航道上船舶数量较多，施工船舶在航经此处时应谨慎驾驶，密切注意周边船舶，与之保持安全距离，避免发生安全事故。

规划方案距离黄田 3 号锚地最近距离约 2.5km，距小型货轮防台泊区最近距离约 4km。建议施工船舶航行于锚地附近时必须做到谨慎驾驶。

规划区围填后将占用一定水域，岸线向前推进，对现有的通航环境有了一定的改变，对航行在该水域附近的渔船通航安全产生一定的影响。要消除或缓解其负面的影响，需要加强水域安全管理，制定相应的水上交通管理措施等。

9.2.8　对社会经济的影响分析

规划方案实施后，能够有效增加深圳土地供给，在土地资源紧张的情况下，为深圳市进一步发展提供了空间。本规划用地主要用于深圳市海洋新兴产业基地，通过发展海洋经济、海洋科技产业研发与培育、海洋综合配套服务等多种途径加大利用南海资源的力度，是我国在能源供需形势日益严峻和南海资源争夺日趋激烈的情况下，实施南海开发战略的重要方式之一；在顺应发展趋势抢抓发展机遇的同时，也是以切实的行动来维护我国的海洋权益。

本规划的实施有利于规划产业的落地实施，对当地的经济发展具有显著的拉动作用，对本地居民生活水平、就业、基础设施、城市容量及城镇化进程产生正面影响。同时，增加就业和劳动力培训，项目所在片区发展的产业能够为城市创造较多的就业机会，同时增加政府收入。

总之，本规划的实施对社会经济的影响是积极有效的。

9.3 与相关规划的相容性分析

9.3.1 与有关水利规划的关系及影响分析

1. 与珠江河口综合治理规划的关系

（1）与珠江河口规划治导线的关系。深圳市海洋新兴产业基地功能区调整范围位于规划治导线以内。

（2）与珠江河口泄洪整治规划的关系。珠江河口重点对磨刀门、横门、洪奇门、蕉门进行泄洪整治研究，深圳市海洋新兴产业基地功能区调整范围不在泄洪整治规划范围内。

（3）与珠江河口滩涂利用规划的关系。本次规划区部分区域位于开发利用区，部分区域位于保留区。保留区在将来开发利用时应与河口总体规划相适应，并从泄洪纳潮、生态环境、航运交通等方面进行论证，以发挥滩涂的综合利用效益。规划方案的实施将会改变规划功能，将原来的保留区调整为开发利用区。

2. 与广东省珠江河口滩涂保护与开发利用规划的关系

本规划范围位于开发利用区中的沙井工业和城镇建设区以及宝安港区宝安综合作业区内，与广东省珠江河口滩涂保护与开发利用规划相符。

3. 与深圳市水利规划的关系

根据《深圳市大空港水系布局研究及治理规划》，对规划区内水系进行重新规划。规划区建设依照深圳市水利规划的要求设计防洪排涝工程，符合深圳市水利规划。

9.3.2 与海洋功能区划的适应性分析

2012 年 11 月 1 日，国务院批准了《广东省海洋功能区划（2011—2020年）》。根据该规划，本规划中的滩涂区位于沙井—福永工业与城镇用海区。沙井—福永工业与城镇用海区海域使用管理要求为"相适宜的海域使用类型为造地工程用海、工业用海；保障宝安渔港用海需求；适当保障港口航运、旅游娱乐用海需求；该区域开发须经过严格论证，重点保障防洪纳潮、航道畅通、海洋环境保护等需要；工程建设期间采取有效措施降低对周边功能区的影响；加强对围填海的动态监测和监管"；海洋环境保护要求为"执行海水水质四类标准、海洋沉积物质量三类标准和海洋生物质量三类标准"。

本规划用于海洋新兴产业基地建设，围填范围在沙井—福永工业与城镇用海区范围内。工程施工期间将采取有效措施降低对周边海洋功能区的环境影响；施工结束后海域环境质量将恢复至原有水平。调整后的滩涂功能与《广东省海洋功能区划（2011—2020 年）》是相适应的。

9.3.3　与港口规划的关系

根据《深圳港总体规划》（2016 年 3 月），深圳港将形成"两翼、六区、三主"的总体格局："两翼"指东、西部两大港口群；"六区"指东部的盐田、大鹏港区和西部的南山、大铲湾、大小铲岛和宝安港区；"三主"指以集装箱运输为重点、体现深圳港核心竞争力的盐田、南山和大铲湾三大主体港区。其中，宝安港区包括机场、宝安综合两个作业区和客运码头。宝安综合作业区位于深圳宝安综合港区一期工程与虾山涌之间区域，与深圳市海洋新兴产业基地不矛盾。调整后的滩涂功能与深圳港总体规划是相符合的。

9.3.4　与深圳市土地利用规划的关系分析

《深圳市土地利用总体规划（2006—2020 年）》提出：破解土地资源的瓶颈难题，积极探索土地利用可拓展空间，保障城市可持续发展能力。在保护生态环境前提下，充分论证，科学规划，适度实施围填水域造地，拓展用地新空间。立足海岸线长、沿海滩涂多的优势，在符合海洋功能区划、海洋生态环境保护、防潮防洪，以及航道整治等要求的前提下，制定专项规划和实施计划，科学合理开展围填造地工程。围填造地主要用于建设用地，以减少新增建设对农田的占用，拓展城市发展空间。

该规划未对深圳市海洋新兴产业基地所在滩涂确定土地用途，但该基地的建设不占用基本农田，也不违背土地用途管制，滩涂通过围填造地的形式形成土地，可以有效地增加土地面积，对于推进土地整治，加强生态环境建设，实现土地资源的可持续利用具有重要意义。

9.3.5　与深圳市社会经济十三五规划的相容性分析

《深圳市国民经济和社会发展第十三个五年规划纲要》提出：推进战略性新兴产业高端化、融合化、集聚化、智能化发展，壮大互联网、生物、新能源、新一代信息技术、新材料、文化创意和节能环保等战略性新兴产业。宝安区发展定位为大力促进智能制造和现代服务业聚集发展，加快建设现代化国际化滨海城区、创新型产业名城、宜业宜居活力之区；坚持陆海统筹、科学用海，有序推进围填海，以前海、大鹏东西两翼为重点，以深圳湾、大鹏湾、大亚湾、珠江河口湾区为核心，打造滨海城市空间形态；加快低空空间开发利用，积极参与国家低空空域改革试点，形成有利于通航发展的低空空域保障环境。可见，深圳市海洋新兴产业基地的滩涂规划功能调整为"开发利用区"符合深圳市社会经济十三五规划的需要。

9.3.6 与深圳市城市总体规划的衔接

《深圳市城市总体规划（2010—2020）》将深圳地域空间分为 5 个分区，即中心城区、西部滨海分区、中部分区、东部分区和东部滨海分区，其中西部滨海分区由宝安中心组团、西部工业组团和西部高新组团 3 个组团组成。西部滨海分区功能为定位区域生产性服务业中心，全市重要的高新技术产业和先进制造业基地。

珠江河口岸段在珠江河口规划治导线的指导下，近期宜发展成为生产功能为主、生活功能为辅，兼顾生态功能的综合岸段，建设成为珠江东岸的物流交通枢纽、港口集聚区和高端产业集聚基地，并做好岸线资源储备；远期结合生产岸线的更新和前海中心区的建设大力发展生活和高端服务功能。同时指出应严格控制围填造地，慎重开发滩涂；规划期内，除西部滨海岸线可按已拟定计划开展适当的填海工程外，其他滨海岸线地区原则上不得进行大规模围填造地活动。

深圳市海洋新兴产业基地是西部滨海分区的组成部分，滩涂规划功能调整为开发利用区，满足西部滨海分区建设的需要。

第 10 章

环 境 影 响 评 价

10.1 评价范围及环境保护目标

10.1.1 评价范围

根据本规划的范围及可能造成的影响确定环境影响评价的范围为：整个珠江河口范围，包括伶仃洋浅海区、大亚湾、大鹏湾、香港水域、深圳湾、澳门浅海区、磨刀门浅海区，特别是内伶仃洋水域。

10.1.2 环境保护目标

规划评价范围内的环境敏感区主要为伶仃洋经济鱼类繁育场保护区、万顷沙海洋保护区和虎门海洋保护区。本规划区属于伶仃洋经济鱼类繁育场保护区的一部分。万顷沙海洋保护区、虎门海洋保护区分别位于规划西南侧约13.4km、西北侧约11.2km，规划不占用这两个海洋保护区。

环境保护目标是保护河流、海域水动力环境，不影响茅洲河入海口行洪纳潮，不影响通航；严格控制污染物排放量，保护水资源和水域、陆域环境，维持生态平衡；使本规划区域良好的自然生态环境与规划景观效益相得益彰。

10.2 环 境 现 状 分 析

1. 大气环境

规划区附近大气中主要污染物有 SO_2、TSP。SO_2 含量除沿路附近因来往车辆较多而有超标现象外，其余均达到国家二级标准。TSP 含量影响因素来自土建工程，但影响是暂时的。NO$_x$含量低，与二级标准相比尚有一定的容量。从全年监测及计算结果可知，规划区附近的大气环境质量等级符合二级标准，属于清洁。

2. 水环境

根据《2015 年度深圳市环境状况公报》，西部近岸海域海水水质劣于Ⅳ类标准，主要污染物为无机氮和活性磷酸盐。与上年相比，东部海域水质保持优良水平，西部海域水质污染程度有所减轻。

规划区附近海岸带海水仅受到轻微污染。重金属均未超标，且浮氧已达标，其中造成污染的主要是油类，生活、生产污染造成的，酚的污染也不容忽视。

3. 声环境

规划区附近主要噪声污染有道路交通噪声、机场噪声、建筑施工噪声等。规划区域由于远离城区，对城市声环境影响较小。同时本规划区域由于开发程度低，附近道路车流量小，受交通噪声影响小，对声环境的影响甚微，噪声环境符合《声环境质量标准》[22]（GB 3096—2008）中的三类标准，噪声环境现状良好。

4. 生态环境质量现状

规划区内存在大量鱼塘，鱼塘堤围附近存在零星小规模红树林，该部分红树林不属于自然保护区。根据现场勘查和有关资料，红树林植被类型主要是以秋茄、白骨壤等优势种组成的矮密灌丛类型植被。

规划区海岸带的底泥中各种微量元素均只造成轻微的生态危害。这是因为该区海岸带的污染主要是工业和生活排污造成的，由于海水的流动和冲刷，留在底泥中的污染浓度难以累积，所以不至于造成严重的环境影响。但今后应严格注意工业发展和人口猛增对环境的影响。

10.3　规划方案的环境影响分析与评价

10.3.1　水环境影响分析与评价

施工期生活污水的主要污染物指标为 BOD$_5$、COD、SS 等；施工废水的主要污染物为石油类、SS 等。施工现场用水主要由如下用水因素构成：施工现场浇注养护用水、施工生活用水及其他机械用水，其中前两项用水占 90% 以上。施工污水应经污水处理系统统一收集处理后再达标排放。

运营期主要污染源、污染物为生活污水和生产污水。规划区实行雨污分流的排水管网，各类污水经污水处理厂处理后达标排放，对受纳水域水质影响较小。本规划对水环境的影响主要为施工期的水体扰动、生活污水及施工机械产生的油污污染等，而这些影响是暂时的，随着施工活动结束，影响自然消失，因此，施工期对水环境可能造成的影响不大。

10.3.2 生态环境影响分析与评价

1. 陆生生态环境

工程施工占地范围内，植被会遭受一定程度的破坏，但由于占地面积小，不会影响当地植被的整体性和多样性；施工中注意落实相关的绿化和水土保持防治措施，陆生生态环境不会受到大的影响。

2. 水生生态环境

围填造陆使被填区域内无逃避能力的物种受到直接危害，如底栖生物、潮间带生物、浮游生物、鱼卵仔稚鱼和无脊椎动物等，因为这些动、植物不能主动逃避，同时也使一些生物赖以生存的生境部分永久性丧失，破坏其索饵繁殖场所，影响现有种群的生存和随后的恢复，使物种多样性下降。取土作业期间，作业段的底栖生物和地上生物因底泥开挖、搬运而全部损失，作业点附近的浮游生物被驱散。另外，施工期所引起的水体中悬浮物浓度增加，减弱了光的穿透作用，悬浮物在水流和重力的作用下，在吹填区附近扩散、沉降，造成泥沙沉积在底基上，改变海底沉积物，间接影响整个水域生态系统结构和功能的变化。取土和吹填施工对海洋生态的间接影响是暂时性的，鱼类和其他水生物对水体环境也具有一定的适应性，工程完成后，它们将会在新的环境影响条件下逐渐适应而稳定。

总体上，规划围填工程在施工阶段对附近海域底栖生物、浮游生物及游泳生物产生一定影响；但围填完成后，经过一段时间的调整与恢复，附近水域海洋生物区系会重新形成。围填后应注意监测附近水域的生物恢复状态，并采取引种和修复水域环境等措施保护和恢复海洋生态。

10.3.3 大气环境影响分析与评价

施工燃油机械和运输车辆运作过程中将产生含 NO_2、SO_2、CO 等废气。根据类似工程环境影响预测结果，此类燃油废气系无组织流动性排放，在不同风速、不同大气稳定度条件下，污染物扩散至场界外 180m 处，SO_2 最大浓度为 $0.09mg/m^3$，NO_2 最大浓度为 $0.23\ mg/m^3$，CO 最大浓度为 $0.72mg/m^3$，均小于《环境空气质量标准》[23]（GB 3095—2012）二级标准。

根据施工特点，施工过程中产生的主要大气污染物是粉尘，各主要起尘环节如下：推土机、翻斗机、混凝土搅拌机等机械作业时起尘；料堆场在空气动力作用下起尘；汽车在运送砂石料过程中由于振动和自然风力等因素引起物料洒落起尘以及道路二次扬尘。

对于施工现场的大气环境影响，类比同类施工现场的监测结果进行分析，结果表明：在距污染源 110m 处，总悬浮微粒值为 0.12～0.79mg/m³；浓度影响值随风速的变化而变化，总的趋势是小风、静风天气作业时影响范围小，大风天气作业时污染较大。未采取环保措施时施工现场污染源强为 539g/（s·km），采取措施时施工现场污染源强为 140g/（s·km）。

运营期，有害气体主要来源于规划区内的汽车尾气、各生产企业生产时可能产生的有害气体。

10.3.4　声环境影响分析与评价

施工期噪声源大致可分为两类：固定、连续的施工机械设备产生的噪声和施工船舶、车辆等产生的移动交通噪声。施工机械噪声具有源强较高、无规则、突发性等特点。类比相关工程，距主要施工机械噪声源 10m 处的噪声值为 65～85dB（A）。

运营期，规划区内噪声主要来源于车辆产生的交通噪声及人员生活、工业生产产生的噪声。交通噪声影响可以通过种植绿化隔离带来减缓。

10.3.5　固体废弃物环境影响分析与评价

施工期固体废弃物的主要来源为施工期少量的废弃建材及施工人员的生活垃圾。其中施工期的废弃建材可以回收利用，施工单位应注意集中收集，由废品回收单位进行回收再利用。

运营期的固体废弃物有生产垃圾（主要包括废品、废工具、边角料和废料等）和生活垃圾（包括食物残渣、清扫垃圾及一切生活废弃物）。

固体废弃物根据可否再生利用、处理程度等进行分类收集，首先考虑回收及综合利用，确实无利用价值的废物进行焚烧或填埋等无害化处理，基本上要能做到固体废弃物的资源化、减量化和无害化，尽量减小固体废弃物给环境卫生带来的不良影响。

10.4　环境影响减缓措施

10.4.1　水环境保护措施

生活污水经化粪池预处理后，排入市政污水管网，进入污水提升泵站后，送至污水处理厂进行处理，达标后排放，或者进入污水处理厂的中水系统。工业废水由各生产企业自行处理达标后回用、排放，或在处理后到达城市污水排放三级标准限值、并且在污水处理厂接纳能力范围内，可排入市政污水管网，进入污水处理厂处理达标后排放或回用。

10.4.2 生态环境保护措施

（1）建设单位应先行规划，充分利用自然地形地貌，避免大挖大填，减少植被破坏，尽量缩小滩涂生物栖息地破坏面积；采用先进的、环保型的施工工艺和施工机械，施工过程中产生的污染源和污染物都得到治理和控制，使生态系统可以得到有效的保护。

（2）进行生态恢复及补偿措施，如采取海洋生物人工放流增殖技术、人工鱼礁技术和海岸带湿地生物恢复技术等措施，对被破坏和退化的环境进行修复。具体放流数量、时间和地点由有关执行单位按照农业部水生生物增殖放流的规定严格论证后执行，并需对放流效果进行跟踪监测与评估。

（3）严格执行规划提出的水污染治理措施，进一步加强规划区内生活污水收集处理，提高污水处理率，避免污水未经处理直接排入海中造成近岸海域海水水质下降；减少沿岸陆源污染，开展本规划区域海洋环境综合整治，加强周边村镇生活污水的收集和处理，避免污水未经处理进入珠江河口造成水质下降。

10.4.3 大气环境保护措施

施工期保持良好的路况，定期清扫和冲洗路面，保持运输车辆清洁，减少道路积尘，防止和减少道路二次扬尘。排放废气的生产企业需对排放气体进行处理，达标后再排放。

10.4.4 声环境保护措施

合理布置生产企业办公及生活区域，分区规划；交通干道设置绿化带、隔噪设施，避免对生活、教育等区域的干扰。在声环境一类区域内行驶的机械和车辆要限速并禁止鸣笛。在厂界边缘种植复合减噪林带，减少厂区噪声对外界的影响。

10.4.5 固体废物污染保护措施

规划区配垃圾清扫、运转车辆和垃圾桶，收集的垃圾送至规划区域内垃圾中转站，由中转站清理压缩后送至城市垃圾处理厂进行处置。规划区内需按规范配置垃圾中转站、垃圾清运车等设备设施，并配备相应数量的人员。各生产企业产生的危险废弃物，交由危废处理单位进行集中处置，不得擅自和随意与生活垃圾混合或丢弃。

10.4.6 施工期环境保护措施

1. 吹填过程中的环境保护措施

（1）合理敷设排泥管线。

（2）吹填时，在预挖的排水沟末端，可进行局部拓宽挖深，形成沉沙池，将泥沙在沉沙池内沉降，减少泄水中悬浮物含量；同时注意及时清理沉积泥沙，减轻对受纳水体的污染影响。

（3）为防止施工对附近水域水产养殖的影响，减少污染纠纷，施工时间应避开水产养殖生长期。

2. 施工船舶废物的控制措施

船舶的含油及生活污水一般由船舶自身污水处理设施处理，如果疏浚船舶无力处理，船舶含油污水、生活污水可通过海事局船舶管理部门接收并处理。生活垃圾接收后送入城市垃圾处理厂统一处理。

3. 溢油风险事故防范应急措施

为确保船舶航行安全，施工作业期间，作业船只应悬挂灯号和信号，灯号和信号应符合国家规定，以避免船舶之间发生相撞而引发溢油事故。

施工前应与海事部门研究划定施工界限，获得施工许可，遵守海事部门的现场监管；研究航行和作业船舶的干扰问题，制定相互避让办法，并发布航行通告。

清理规划区附近的养殖区，标定养殖区范围，及时公布，避免施工船舶进入养殖区、造成安全事故。一旦出现事故应及时通知水产养殖场，做好减少污染的准备。

建立防台应急预案，勘测适合避风的抗台锚地，施工期间如遇恶劣天气必须将工程船舶及时撤离。

加强对船舶操作人员的技术培训，提高施工人员的安全意识和环境保护意识；严格操作规程，杜绝船舶供油作业中溢油事故的发生。

建立详细的溢油应急计划，并利用海事局现有的海上应急围油、回收设施。应急指挥系统应纳入海事局管理当中。一旦出现事故应及时通知周边的环境敏感点，做好减少污染的准备。

4. 生活污水处置

施工人员生活集中区设置临时厕所，生活污水经化粪池处理后由抽水车送往污水处理厂集中处理。

5. 大气污染物防治措施

（1）施工单位应当制定扬尘污染防治方案，建立相应的责任制度和作业记录台账，并指定专人具体负责施工现场扬尘污染防治的管理工作，将扬尘污染防治方案在工程开工 3 个工作日前报市政主管部门备案，并在工程开工前将扬尘污染方案在工地周围醒目位置公布，公布期至工程结束。

（2）尽可能选用环保型施工船舶机械、运输车辆，并选用质量较好的燃油，使尾气达标排放。

（3）加强对施工船舶和机械的维修保养。

6．噪声控制措施

本工程采用低噪声的施工机械和运输车辆。加强对运输工作的组织，控制或减少大型运输车辆在夜间通过城镇居民点。对于不可避免的夜间运输作业，应向环保部门申报，获批准后方可进行。施工期噪声影响是短暂的，一旦施工活动结束，施工噪声及其环境影响也随之结束。

7．固体废弃物的处置

（1）不得占用道路堆放施工垃圾和工程渣土，施工废水处理系统产生的污泥应及时外运处理。在工程施工结束撤离时，必须做好现场的清理和固体废弃物的处理处置工作，不得在地面遗留固体废弃物。

（2）禁止任意向水中抛弃各类固体废弃物，同时应尽量避免各类固体废弃物散落进入水体。对散落在水体内的固体废弃物，施工单位应尽力打捞回收。

（3）临时堆土应根据堆积量和堆积高度做好挡土和排水设施，拦截进入场地的地表径流，防止坡面流对堆土的冲刷。

（4）加强施工区生活垃圾的管理，分片、分类设置垃圾箱，避免生活垃圾混入施工弃土（渣），并由环卫部门定期清运，以防生活垃圾经雨水冲刷后，随地表径流带入水体。

10.4.7　水土保持措施

回填区是规划区最大的水土流失区。根据主体工程施工工序特点，围堰建成后再进行吹填成陆。围堰可以拦挡潮汐，潮汐不能对围区内进行冲刷，基本可以避免回填区内的严重水土流失。围堰施工工程中要注意防汛，每次施工后要清理现场，防止土料在涨潮回落时冲走。

施工过程中回填区周边可结合排水设施的建设，布设拦沙沟，减少水土流失。应采取边挖、边运、边填、边压的方式，避免大量松散堆积土方造成的严重水土流失。

建设单位应经常与当地气象部门联系，根据当地雨量季节分布特点，选择适宜的施工时间。雨季施工应做好作业区截洪、排水工作。

水土保持工程措施主要采取排水沟、绿化覆土、格状框条护坡；临时措施主要有临时护岸、临时排水沟、临时沉沙池。植物措施主要有撒播植草和抚育管理，临时措施主要有临时覆盖措施。

10.5　环境影响评价结论

　　滩涂利用规划的编制有利于控制滩涂开发利用向科学有序方向发展，保护河口滩涂生态环境安全，统筹兼顾河口行洪、纳潮、排涝、通航等综合要求，制定有效的管理规划，使滩涂资源保护和开发利用向可持续方向发展。滩涂利用规划的编制符合环境保护的要求，对环境的有利影响是主要的、长远的，具有较大经济社会效益和环境效益。

　　规划的实施对环境造成一定的影响，主要的负面影响发生在规划实施期，这些不利影响一般是局部的或暂时的，并且通过可行的环境保护措施将不利影响降低到最低程度。

　　从环保角度分析，规划的编制科学合理，有利于减少无序超速开发滩涂资源对环境造成的不利影响，有利于促进深圳市乃至珠江三角洲地区经济、社会和环境的可持续发展。

第 **11** 章

工程投资估算与效益分析

11.1 投 资 估 算

11.1.1 估算依据

（1）广东省水利厅粤水基〔2006〕2 号文件发布的《广东省水利水电工程设计概（估）算编制规定（试行）》。

（2）广东省水利厅粤水建管〔2009〕462 号文件发布的《关于调整我省地方水利工程部分费用标准及砌石工程等概预算定额（试行）的通知》。

（3）广东省水利厅粤水建管〔2011〕105 号文件关于调整《广东省水利水电工程设计概（估）算编制规定（试行）》人工预算单价的通知。

（4）广东省水利厅粤水建管〔2013〕39 号文件关于发布《广东省水利水电工程设计概（预）算补充定额（试行）》的通知。

（5）广东省水利厅粤水基〔2006〕2 号文件颁发的《广东省水利水电建筑工程概算定额（试行）》。

（6）《沿海港口建设工程概算预算编制规定》（交通部，1999 年 4 月 1 日）。

（7）《沿海港口水工建筑工程定额》（交通部，1994 年 6 月 1 日）。

（8）《全国市政工程投资估算指标》（建设部，1998 年）。

（9）《广东省海域使用金征收使用管理暂行办法》（广东省人民政府，2005 年）。

（10）类似工程技术经济指标。

11.1.2　投资估算

根据深圳市海洋新兴产业基地滩涂利用规划方案和防洪（潮）排涝工程规划，滩涂开发区共围填水域面积 7.44km²，地面填筑高程为 4.09m，填方约 4749 万 m³。工程需新建海堤 6.37km，按 200 年一遇防洪（潮）标准建设；需新建水闸两座，水闸净宽 24m；新建泵站一座，抽排流量 90m³/s，装机容量暂按 12000kW 考虑。

规划总投资包括第一部分基础设施工程投资、第二部分工程建设其他费用和第三部分不可预见费。其中，第一部分基础设施工程投资根据有关专业工程定额和设计工程数量，采用深圳市近期同类工程造价指标及要素价格进行编制；第二部分工程建设其他费用按有关文件规定计算；第三部分不可预见费按第一部分工程造价和第二部分工程建设其他费用之和的 5％ 计算。工程总投资为 600824 万元，主要工程数量与投资估算参见表 11.1－1。

表 11.1－1　　　　　　　主要工程数量与工程投资估算表

序号	工程或费用名称	技术经济指标			概算价值		合计
		单位	数量	单价/万元	建筑工程费/万元	其他费用/万元	
一	基础设施工程投资				403585		403585
1	吹填工程	万 m³	4749	65	308685		308685
2	海堤工程	km	6.37	10000	63700		63700
3	水闸工程	m	24	50	1200		1200
4	泵站工程	kW	12000	2.5	30000		30000
二	工程建设其他费用					168628	168628
1	海域使用费	万 m²	744	180		133920	133920
2	建设管理费	％	1.0			4036	4036
3	工程建设监理费	％	1.2			4843	4843
4	工程质量监督费	％	1.4			5650	5650
6	工程勘测设计费	％	2.0			8072	8072
7	水土保持	％	1.0			4036	4036
8	环境保护	％	2.0			8072	8072
三	不可预见费					28611	28611
	总投资			600824			

11.2 效 益 分 析

11.2.1 经济效益分析

本规划最直接的经济效益是土地增值效益，项目围填造陆面积达 7.44km²。规划区功能定位为综合性海洋新兴产业基地，加上规划区位于深圳市西部，是深圳市与珠江三角洲其他城市联系的必经之路之一。规划区面向海域，风景宜人。高品质的生态环境为综合性海洋新兴产业基地提供了重要基础，其土地增值前景广阔。根据深圳市基准地价（2013 版），宝安区沙井街道商业用地基准地价图中，靠海侧基准地价为 2155 元/m²。本规划可产生土地价值 160.33 亿元，扣除工程成本 60.08 亿元，土地增值效益达 100.25 亿元。

另外，随着规划区的不断建设和完善，经济社会亦将快速发展。根据《深圳大空港地区综合规划》，高标准规划建设大空港新城地区，将新增高素质就业岗位约 50 万个，远期（2030 年）吸引居住人口约 75 万。规划区按将来城市建设用地 1 万人/km² 计。考虑到 2030 年珠江三角洲地区人均 GDP 为 20 万～24 万元，本规划区参照珠江三角洲地区 2030 年人均 GDP 20 万元计，本规划区 2030 年 GDP 约达 125 亿元。

11.2.2 社会效益分析

1. 城市建设发展需要，保障经济可持续发展

土地是社会和经济发展的基础，也是市场经济体制下最具活力、增值潜力最大的稀缺资源。随着经济的转型要求，深圳市土地资源利用日益出现"供给不足、指标短缺"的紧张局面，成为经济社会进一步发展的最大障碍和制约因素，本次滩涂利用开发将为深圳市经济转型提供宝贵的土地资源。

规划区功能定位为综合性海洋新兴产业基地，本规划的实施有利于规划产业的落地实施，对当地的经济发展具有显著的拉动作用，对本地居民生活水平、就业、基础设施、城市容量及城镇化进程产生正面影响。

规划可以增加就业和劳动力培训，规划所在片区发展的产业能够为城市创造较多的就业机会，同时增加政府收入。

2. 防洪排涝安全保障

目前规划区内早期建设的防洪排涝工程体系本身不完善且标准较低，部分工程体系防洪排涝能力已经不满足城市防洪减灾的要求。本规划实施后将显著提高该地区防洪（潮）能力，使该地区的城市防洪标准达到 200 年一遇。

防洪（潮）排涝工程的实施，可有效减免洪涝灾害造成的社会经济损失，

减免洪涝灾害的社会影响，减免洪涝灾害造成的社会不稳定因素，有利于社会稳定发展。同时也将会大大改善城市环境及城市对外形象，提高居民生活质量，增强城市的吸引力，为城市中、长期发展创造了有利条件。

3. 生态环境改善效益

（1）改善城市景观，增加旅游景点。目前，规划区内道路交通条件较差，滨海区多为养殖区，自然景观较差，加上防洪（潮）排涝设施不完备，难以有效利用。本规划的实施，为改善滨海区交通奠定了基础，同时有利于科学、系统地开展岸线规划利用，增加土地资源，增加深圳市的旅游资源，为当地居民和游客提供新的休闲区域。

城市形象的美化，投资环境和生活环境的改善，城市品位的提高，将有利于吸引投资和发展旅游。美丽的滨水空间必将吸引大量的游客来宝安区游玩、购物，促使宝安区的旅游业加速发展，且新的景点能带动旧景点的旅游人数增加，由此产生新的旅游收益。

（2）改善居住环境，提高土地利用价值。河道景观设计与城市景观规划相结合，修建生态堤岸，加强沿河绿地建设，建成自然景观与人文景观相协调的滨河生态景观区，实现人和自然和谐相处。沿河形成的生态走廊，能起到保持水土、改善城市小气候的作用，极大地改善规划区的居住环境，从而拉动和促进当地房地产开发和利用，形成以滨水空间及生态走廊为中心的房地产开发热潮，使片区土地资源增值，提高土地利用价值。

第 **12** 章

管理规划及规划实施

12.1 管 理 机 构 设 置

本规划实施单位为深圳市特区建设发展集团有限公司。深圳市特区建设发展集团有限公司是经深圳市政府批准成立，为加快投资体制改革，推进特区一体化进程，将深业集团有限公司、深圳市机场（集团）有限公司、深圳市盐田港集团有限公司、深圳市远致投资有限公司四家大型市属国企以及深圳市城市规划设计研究院 100％股权划入形成的。公司注册资本 300 亿元，总资产逾1000 亿元。深圳市特区建设发展集团有限公司作为新型城市综合开发运营商，公司主要从事园区综合开发、城市单元开发、城市重大基础设施建设、旧城改造、保障房建设、相关商业开发，投资兴办实业，新兴产业投资等。

滩涂开发利用作为深圳市海洋新兴产业基地基础建设的一部分，由深圳市特区建设发展集团有限公司负责工程建设与管理，深圳市水务局等上级相关部门应做好协调和监督工作，使滩涂开发建设符合规划的要求。

根据《深圳市大空港水系布局研究及治理规划》，建议成立空港新城水利工程管理处，隶属于深圳市水务局，承担空港新城片区截流河、南北连通渠、海堤、北片区排水泵站及水闸等水利设施的统筹运行管理职责。宝安区环境保护和水务局负责其他支流河道、其他泵站和水闸等设施的运行管理等工作。在现行二级管理模式的基础上，整合优化原街道水务管理站，建设稳定的技术职工队伍，实行水务工程一体化管理，主要对防洪工程、防潮工程、治涝工程、治污工程等进行管理。

12.2　管　理　设　施

为保证滩涂开发利用的有序、高效进行，应对其管理机构配置一定的生产、生活、管理设施，并对主要建筑物进行实地监测，以确保工程安全运行。

1．基本管理设施

管理机构需有办公场所、日常办公设施（如电脑、打印机、传真机等）、交通工具及通信设备等。

2．工程监测设施

围填吹填施工过程中需对外侧顺堤及隔堤进行水平位移及表层沉降观测。真空预压施工过程中需对孔隙水压力观测、沉降观测、水平位移观测等进行观测，需配备观测设备，如 J2 经纬仪、S3 水准仪、平板仪、测深仪、定位仪等。运行期需对外江潮位及排海污染物等进行监测，需配备自记水位计、流速测量仪、实时污染物监测系统等。

12.3　管理调度规划和管理经费

12.3.1　管理调度原则

1．三防工作

防汛期间，服从深圳市三防指挥部的统一领导，空港新城水利工程管理处负责辖区内涝区水位、流量、水闸及泵站运行状况等观测，并进行数据分析，统一调度控制性水闸。

2．水闸运行

水闸运行的一般原则如下：

（1）汛期以排涝为主，由三防指挥部决策、控制中心统一调度，并服从上级部门的调度。

（2）枯水期以改善内河水环境为主。

12.3.2　管理经费

年运行费用包括管理人员的工资及福利、修理费、燃料动力费及其他费用，按工程建设投资（海堤、水闸、泵站工程投资合计）的 0.5% 估算。

12.4　规　划　实　施　原　则

（1）茅洲河河口泄洪整治作为规划实施的前置条件，保障茅洲河泄洪纳潮。

（2）坚持先定位后开发，科学确定滩涂围填区块、围填时序、围填方案，制定开发利用详细规划，按照规划组织开发。

（3）在采用先进、适用的技术和经济合理的前提下，在多方案比较的基础上，选择最优的施工方案。

（4）合理布置施工平面图，节约施工用地。

（5）合理安排施工时序，确保工程顺利交付使用。

（6）石方施工采用"分层施加、分区间歇加荷"的施工原则，土方施工坚持"石方领先、分期薄层轮加"的原则。

（7）护坡工程应在堤身沉降基本稳定后施工。

（8）水闸施工宜以闸室为中心，按照"先深后浅、先重后轻、先高后矮、先主后次"的原则进行。

（9）在海堤、护岸施工到适当时候采用围埝吹填的方式形成陆域，合理确定吹填方法。

（10）加强施工期观测，保证施工安全，及时和有针对性地进行施工调整。

12.5　规划实施安排

本规划的实施首先应该符合国家基本建设项目的审批程序。深圳市特区建设发展集团有限公司作为本规划的实施单位，负责整个项目实施的组织协商和管理工作。该公司与各个项目履行单位协商制定项目实施计划表，并在履行前通知有关各方，为各项目履行单位开展工作创造有利条件；各项目履行单位服从项目执行单位的指挥和调度。

深圳市海洋新兴产业基地计划用 12 个月完成所有前期工作。

深圳市海洋新兴产业基地海堤、水闸、护岸及吹填施工总工期计划 24 个月。主体工程施工工期为 20 个月。

整个项目历时 4 年完成。

12.6　规划实施保障措施

12.6.1　落实滩涂管理及监督实施办法

滩涂管理包括滩涂开发利用管理和滩涂保护，应遵循"在保护中开发，在开发中保护"的原则。滩涂开发利用实施、管理及监督管理措施如下：

（1）理顺管理体制。滩涂开发涉及多个部门，规划应从水利行业的职责出发，强化水行政主管部门的职能，同时做好其他部门的衔接工作。

（2）组织滩涂开发利用与保护管理专业队伍，保障滩涂管理实施。

（3）明确专业联合执法队伍、管理职权，落实人员编制以及相应的管理设施及费用。

（4）组织或委托有关专业部门开展基础资料观测及开发利用与保护的基础研究工作。

（5）落实滩涂开发利用实施监督管理办法，保障工程实施与审批范围规定一致。

（6）实行滩涂开发利用评估及后评价工作，滩涂开发利用计划建立在科学的基础上，保障河口健康协调发展。

（7）处理好经济发展和环境保护的关系。坚持资源开发与环境保护并重的方针，实行严格的环境准入制度，建立可持续发展的长效机制。

（8）制定违法滩涂开发利用处理程序、权限及行政争议的处理程序。

（9）建立健全监督机制。设立投诉和举报电话，鼓励举报揭发各种破坏环境生态、违反法律法规的行为，发挥媒体的舆论监督作用。

12.6.2 资金投入保障

（1）建设期及运行期，规划区生态环境保护的资金都应得到保证，保证规划区的生态环境建设、污水处理、垃圾处理等生态保护和综合治理费用。

（2）规划区域基础设施的资金都应得到保证，建议多元化、多渠道筹集资金。由于投资强度大，深圳市政府应采取优惠政策，鼓励现有大型企业和其他投资人组成基地开发投资公司，投资基地公共设施和服务，要以多元化的投资结构推动规划实施。

（3）在开发建设中，建立健全水域资源有偿使用和海洋生态恢复环境经济补偿机制，并建立生态环境补偿基金，用于规划区内生态环境修复等生态环境建设和综合治理费用，实现水域资源的有偿有效利用及合理保护。

12.6.3 公众参与和社会监督

（1）在各级管理部门中树立科学围填、和谐围填、智慧围填的思想意识，建立切实有效的规划管理体制。

（2）加强滩涂生态环境保护的宣传和培训，激发公众参与滩涂开发利用建设的热情，宣传滩涂利用规划在滩涂资源开发利用与保护中的作用，发挥公众的监督作用，赢得社会各界对科学用滩、合理用滩的关注与支持。

参　考　文　献

［1］　方如康. 环境学词典［M］. 北京：科学出版社，2003.

［2］　李展平，张蕾. 城郊绿化与造景艺术［M］. 北京：中国林业出版社，2008.

［3］　何书金，王仰麟，罗明，等. 中国典型地区沿海滩涂资源开发［M］. 北京：科学出版社，2005.

［4］　杨宝国，王颖，朱大奎. 中国的海洋海涂资源［J］. 自然资源学报，1997，12（4）：307－314.

［5］　中国城市规划设计研究院，南京水利科学研究院，综合开发研究院（中国·深圳）. 深圳大空港地区综合规划［R］，2013.

［6］　深圳市水务局，深圳市水务规划设计院. 深圳市防洪潮规划修编及河道整治规划——防洪潮修编规划报告（2014～2020）［R］，2014.

［7］　水利部珠江水利委员会. 珠江流域防洪规划［R］，2007.

［8］　中水珠江规划勘测设计有限公司. 珠江流域防洪规划水文分析报告［R］，2005.

［9］　深圳市水务规划设计院有限公司. 宝安区防洪排涝及河道治理专项规划［R］，2015.

［10］　广东省发展和改革委员会，广东省海洋与渔业局. 广东海洋经济地图［M］. 广东：广东省地图出版社，2012.

［11］　深圳市规划和国土资源委员会. 深圳市土地利用总体规划（2006—2020 年）［R］. 2017.

［12］　水利部珠江水利委员会. 珠江河口综合治理规划［R］，2010.

［13］　广东省水利厅. 广东省珠江河口滩涂保护与开发利用规划［R］，2012.

［14］　中华人民共和国交通运输部. JTS/T 231—2—2010 海岸与河口潮流泥沙模拟技术规程［S］. 北京：人民交通出版社，2010.

［15］　中华人民共和国交通运输部. JTS 145—2015 港口与航道水文规范［S］. 北京：人民交通出版社股份有限公司，2015.

［16］　惠遇甲，王桂仙. 河工模型试验［M］. 北京：中国水利水电出版社，1999.

［17］　水利部珠江水利委员会. 珠江流域综合规划［R］，2013.

［18］　广东省水利水电勘测研究院. 广东省江河流域综合规划总报告［R］，2004.

［19］　深圳市水务规划设计院. 深圳市大空港水系布局研究及治理规划［R］，2015.

［20］　中华人民共和国水利部. SL 435—2008 海堤工程设计规范［S］. 北京：中国水利水电出版社，2008.

［21］　中华人民共和国水利部. GB 50265—2010 泵站设计规范［S］. 北京：中国计划出版社，2011.

[22] 环境保护部，国家质量监督检验检疫总局. GB 3096—2008 声环境质量标准 [S]. 北京：中国环境科学出版社，2008.

[23] 环境保护部，国家质量监督检验检疫总局. GB 3095—2012 环境空气质量标准 [S]. 北京：中国环境科学出版社，2012.